電気Q&A
電気の基礎知識

石井　理仁　著

Ohmsha

はしがき

　オーム社発行の雑誌「設備と管理」で2001年4月号から連載した「電気がおもしろくわかるシリーズ　ビル管理技術者のための電気Q&A」をまとめた拙著「ビギナーのための電気Q&A」（2007年2月発行）は，多くの現場技術者の方の手に取っていただきました.

　この度，「ビギナーのための電気Q&A」発行後，2016年3月号までの連載を再構成し，改訂版として装いを新たに，「電気Q&A 電気の基礎知識」を発刊いたします.

　本書は，従来の基礎編，実務編の内容を見直し，新たに計算編，付録（数学編）を加え，次のような内容にいたしました.

1．基礎編　現場で必要となる電気の基礎を解説
2．実務編　現場で使用される機器，図面，測定器だけでなく，設計，安全，資格について解説
3．計算編　現場で必要となる電気の公式，計算を解説
4．付録（数学編）　電気の計算に使われる数学を解説

　また，コラムとして連載中に読者からいただいた質問と回答も書き加えました.

　本書では，適宜，例題として電気工事士等の電気関係の資格試験の問題を挿入していますので，ぜひチャレンジしてみてください.

　さらに，本書に続きまして，「電気Q&A 電気設備のトラブル事例」，「電気Q&A 電気設備の疑問解決」も発刊されますので，本書と併せてご活用されることを願っております.

　末筆ながら，オーム社編集局をはじめ，数多くの電気の諸先輩のご指導のおかげで改訂版の発刊につながったことに感謝し，お礼申し上げます.

　2020年3月

　　　　　　　　　　　　　　　　　　　　　　　　石井　理仁

電気Q&A 電気の基礎知識

CONTENTS

第1章

基礎編

A1

「直流」は，時間的に大きさと向きが変わらない電流であり，「交流」は大きさも向きも変化する電流であり，ベクトルで考える必要がある．

解説

難しい数学を使わないで，少しずつ親しみの持てる**電気の世界**に足を踏み入れていくことにします．

最初は，現場で最低限必要な電気を学ぶための**基礎編**として「直流と交流の違い」を説明します．

1. 直流と交流

どの教科書や電気の本を開いても書かれていることは，「**直流**」は図1.1（a）のように時間的に大きさと向きが変わらない電流で，「**交流**」は図1.1（b）のように大きさも向きも周期的に変化する電流です．

また，直流の電源としては乾電池のほかに蓄電池，直流発電機，直流安定化電源いわゆるスイッチングレギュレータ等があります．一般家庭のほか，ビル，工場の電源として一般に使われているのが交流で，波形が正弦曲線（サインカーブ）であることから**正弦波交流**と呼ばれています．

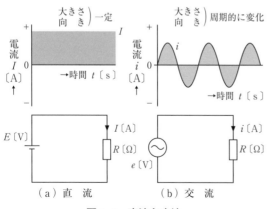

図1.1　直流と交流

以上の説明では，おもしろくもありませんし飽きてしまいますね．

2. 電流の大きさ

それでは，「コイル，例えば電磁弁のコイルに直流電圧を加えたときと，同じ大きさの交流電圧を加えたときに流れる電流の大きさは同じなのだろうか？」という問題を考えてみましょう．

正解は，電圧の大きさが同じでも**直流**のときより**交流**のときのほうが電流の大きさが小さくなります．

なぜ**直流**より**交流**のほうが電流が小さくなるのでしょうか？

これは直流のときは，電流を妨げるものは**抵抗**だけですが，交流のときはこの**抵抗**のほかに**リアクタンス**というものがあるからなのです．

それでは，同じコイルなのになぜ交流のときだけリアクタンスがあるのでしょうか．

それは，**リアクタンス**というのはコイル固有の値ではなくて交流電圧の周波数に応じて決まるものだからです．ここで，コイル自身に固有な値は**インダクタンス**と呼ばれ，これと周波数（図1.2参照）によって**リアクタンス**が存在するのです．

3. 直流におけるリアクタンスの計算

周波数をf〔Hz〕（ヘルツ），**インダクタンス**をL〔H〕（ヘンリー）とすると，**リアクタンス**X〔Ω〕（オーム）は次式のようになります．

$$X = 2\pi f L \quad 〔\Omega〕 \tag{1・1}$$

ここで**直流**は，周波数$f = 0$の交流と考えるとコイルですから**インダクタンス**Lは存在しますが式（1・1）から**リアクタンス**$X = 0$となります．

以上のことを次の簡単な例題で説明します．

例題1.1　直流100〔V〕を加えると，5〔A〕の電流が流れ，交流100〔V〕を加えると，4〔A〕の電流が流れるコイルがあります．このコイルの抵抗とリアクタンスの値〔Ω〕はわ

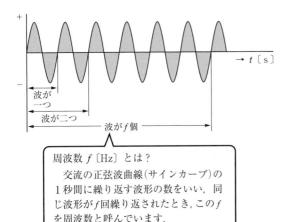

図1.2　周波数

周波数 f〔Hz〕とは？
交流の正弦波曲線（サインカーブ）の1秒間に繰り返す波形の数をいい，同じ波形が f 回繰り返されたとき，この f を周波数と呼んでいます．

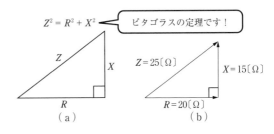

図1.3　インピーダンス三角形

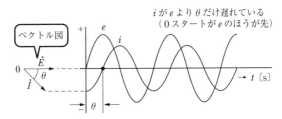

図1.4　コイルの波形とベクトル

かりますか．

この例題を考える前に，電気の基本に「**オームの法則**」があります．これは，電圧 E〔V〕，電流 I〔A〕，抵抗を R〔Ω〕とすると次式で表されます．

$$I = \frac{E}{R} \text{〔A〕} \qquad (1\cdot2)$$

直流では抵抗 R〔Ω〕だけですから，式（1・2）より，

$$R = \frac{E}{I} = \frac{100}{5} = 20 \text{〔Ω〕}$$

4．交流におけるリアクタンスの計算

次に，交流ではコイルは抵抗 R〔Ω〕と**リアクタンス** X〔Ω〕の両方を持ち，これを合成したものを**インピーダンス** Z〔Ω〕と呼んでいますから，

$$Z = \frac{E}{I} = \frac{100}{4} = 25 \text{〔Ω〕}$$

ところが，交流のとき電流を妨げる**インピーダンス**は，抵抗 R とリアクタンス X がわかっていると次式で表されます．

$$Z = \sqrt{R^2 + X^2} \text{〔Ω〕} \qquad (1\cdot3)$$

したがって，**リアクタンス** X〔Ω〕は次のとおり求めることができます．

$$25 = \sqrt{20^2 + X^2} \quad \therefore X = \sqrt{25^2 - 20^2} = 15 \text{〔Ω〕}$$

以上の説明からコイルは，抵抗とインダクタンスがありますが，直流に対しては抵抗だけ，交流

に対してはこの抵抗のほかに**リアクタンス**が加わることになって，**インピーダンス**として働くことになります．また，インピーダンス Z は，式（1・3）で表されますが，これは**図1.3**（a）のように直角三角形における**ピタゴラスの定理**（三平方の定理ともいう）の斜辺になります．

すなわち，**インピーダンスは抵抗とリアクタンスをただ単に加えた値ではなく，直角三角形の斜辺だからベクトル計算になります．**

ベクトルということは複素数なのです．

したがって，直流はただ単に足したり引いたり，割ったり掛けたりできますが，交流はベクトルで考えなければならないということです．

よって，**交流の計算は複素数計算**ということになります．これは，リアクタンス X の存在によるものなのです．

次に，コイルに流れる電流 i と交流電圧 e の波形とベクトルを示したものを**図1.4**に示します．

図1.4から電圧 e と電流 i の波形には，同じ周波数の波形ですが，θ という<u>時間的なずれ</u>が生じていることがわかります．これを「**位相のずれ**」と呼び，リアクタンスによるものでここが**交流と直流の大きな違いで直流には位相のずれがありません**．

電力と電力量の違いは？

A2

「電力量」は，電流のする仕事，すなわち電気エネルギーで単位は〔J〕で表され，「電力」は単位時間当たりの電気エネルギーで単位は〔W〕で表される.

解説

1. 電力と電力量の違いとは？

電気エネルギーは，ほかのエネルギー，例えば電熱器等の熱エネルギー，けい光灯等の光エネルギー，電動機等の機械エネルギーほかに変換して使用されます.

この**電気エネルギー**を発生したり，ほかの場所に送ったり，消費したりするときに**電気エネルギー**の量を表すのに**電力量**，単位時間当たりの**電気エネルギー**を表すのに**電力**という用語が使われます.

ここで電圧 E〔V〕のもとで，抵抗 R〔Ω〕に電流 I〔A〕が t 秒間流れると電流のする仕事，すなわち**電気エネルギー** W は，**Q1** の式(1・2)から

$$W = EIt = I^2Rt \text{〔W・s〕〔J〕} \qquad (2・1)$$

これが**電力量**です.

次に単位時間当たりの電気エネルギー(仕事)は**電力**(仕事率)と呼ばれ，単位は**ワット〔W〕**です.

$$P = \frac{W}{t} = EI \text{〔W〕〔J/s〕} \qquad (2・2)$$

すなわち，**電力量**とは**電力 × 時間**です.

ここで1〔V〕の電圧で1〔A〕の電流が流れる場合の仕事率を1〔W〕といい，1〔W〕= 1〔V・A〕です.

式(2・1)から1〔W〕の電力が1秒間続くと1〔J〕の電気エネルギーが伝達されることがわかります.

さらに大きな電力を表すのに**キロワット〔kW〕**という単位が使用されます.

$$1\text{〔kW〕} = 10^3\text{〔W〕} = 1\,000\text{〔W〕} \qquad (2・3)$$

また，電力量の単位にはジュール〔J〕のほか，1〔kW〕の電力が1時間にする仕事である**1キロワット時〔kWh〕**が用いられます.

$$
\begin{aligned}
1\text{〔kWh〕} &= 10^3\text{〔J/s〕} \times 60 \times 60\text{〔s〕} \\
&= 3.6 \times 10^6\text{〔J〕} \\
&= 3\,600\text{〔kJ〕} \qquad (2・4)
\end{aligned}
$$

以上で電力と電力量の違いが大まかに理解できたことと思いますが，これらを測定することを考えてみます.

2. 電力と電力量を測定するには？

電力はある瞬間の値，**電力量**はある期間における値を示すもので，それぞれを測定するものが**電力計**，**電力量計**です.

電力計は，電力の大きさに応じて指針の位置が変わり，電力量計は電力の大きさに応じて円板[※1]の回転速度が変わり，測定期間中の円板の回転数によって電力量がわかるようになっています.

このことから，あなたのビルの最大電力(kW)は，**電力計**(実際には，電力会社の設置する最大需要電力計)でわかり，使用量(kWh)は，**電力量計**でわかるわけです.

この**電力**と**電力量**を，物理的というより力学的に考えてみると，仕事がエネルギーですから電力量は仕事であり，単位時間当たりの仕事すなわち仕事率というのが電力なのです. このように電力と電力量は，同じように見えますが，内容的には大きな違いがあるので注意が必要です.

(注)※1. 円板が使用されている電力量計は，誘導形といってアナログ計器である. 現在はデジタル形が主流で円板は少なくなってきている.

コラム 1 電気の単位

W(ワット)，J(ジュール)，N(ニュートン)の関係

●仕事とエネルギー

図Aのように，台車が一定の力 F 〔N〕を受けて停止の位置から x 〔m〕の距離まで移動したときの速さを v 〔m/s〕とする．

このとき，力 F 〔N〕が時間 t 〔s〕の間に台車にした**仕事** W 〔J〕は，

$$W = F \text{〔N〕} x \text{〔m〕} = Fx \text{〔N·m〕}$$
$$= Fx \text{〔J〕}$$
$$\therefore \text{〔N·m〕} = \text{〔J〕} \tag{1}$$

つまり，(仕事) = (その方向の力) × (距離)というわけです．

次に，図Bのように質量 m 〔kg〕の物体が高さ h 〔m〕の位置にあるとき，位置エネルギー U 〔J〕は，

$$U = mgh \text{〔J〕}$$

ただし，$g = 9.8$ 〔m/s²〕；重力加速度

したがって，質量 1 kg の物体が高さ 1 m の位置にあるとき，9.8 J の**位置エネルギー**を持ちます．このようにある物体が**仕事**をする能力があるとき，その物体は**エネルギー**を持つといいます．このことから，**エネルギー**の単位は，仕事の単位と同じ〔J〕です．

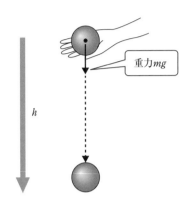

図B 重力による位置エネルギー

仕事率 P (P を動力ともいう.) は，次式で表されます．

$$P = \frac{W \text{〔J〕}}{t \text{〔s〕}} = \frac{F \text{〔N〕} x \text{〔m〕}}{t \text{〔s〕}}$$
$$= F \text{〔N〕} v \text{〔m/s〕}$$
$$= Fv \text{〔W〕}$$

$$\therefore \text{〔J/s〕} = \text{〔W〕} = \text{〔N·m/s〕} \tag{2}$$

両辺に〔s〕をかけて，

$$\text{〔J〕} = \text{〔W·s〕} = \text{〔N·m〕} \tag{3}$$

●仕事率と動力

単位時間にする仕事の割合を**仕事率**といい，時間 t 〔s〕の間に W 〔J〕の**仕事**をしたとき，

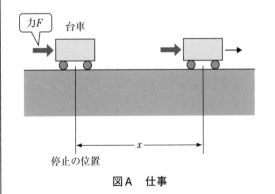

図A 仕事

●電気の単位

電気のする**仕事**では，単位に**キロワット時**〔kWh〕を使いますから，〔kWh〕は次のように〔kJ〕に変換できます．

$$1 \text{ kWh} = 1 \text{ kW} \times 3\,600 \text{ s}$$
$$= 1 \times 3\,600 \text{ kW·s}$$
$$= 3\,600 \text{ kJ} \tag{4}$$

Q 3 力率とは？

A3

「力率」とは，電圧と電流の位相角 θ の余弦で表され，大きいほど（1 に近いほど）同電圧で同電力を使用する際に小さい電流で済む．

解説

「力率」ということばを耳にしたことはありませんか．

現場では，「力率が良い」とか，「力率が悪い」あるいは「力率改善」，「力率改善用コンデンサ」というふうに使用されます．

また，力率を良くすると省エネルギーにつながると言われていますが，なぜでしょうか．

ここでは，この力率を説明します．

1. 電圧と電流の位相のずれ

皆さんの周りに「電気屋さん」と呼ばれている電気を得意あるいは専門にしている方がいるなら，「力率って何ですか？」と尋ねてみてください．答は決まって，「コサイン（cos，三角関数の余弦）だよ」で，それ以上尋ねても納得できるよう説明できる人は少ないはずです．

と言うのは力率とは，電力の式に出てくるもので，「力率の概念」という勉強はしてきていないからです．

さて，Q1 でお話ししたコイル（抵抗とリアクタンスを併せもつもの）に交流電圧 e を加えたときに流れる電流の波形について，もう一度考えてみましょう．

このコイルに同じ大きさの直流電圧を加えたときは，リアクタンス $X = 0$ となりますから抵抗 R 〔Ω〕だけの回路となって波形は，図 3.1 のように電圧と電流の波形に位相のずれがありません．

ところが交流電圧を加えたときは，リアクタンス X の存在のために図 3.2 のように電圧 e と電流 i の波形に位相のずれ θ が生じてきます．この

図 3.1 コイルに直流電圧を加えたときの波形

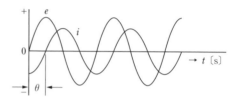

図 3.2 コイルに交流電圧を加えたときの波形

θ を位相角あるいは力率角と呼んで，$\cos \theta$ としたものを力率と呼んでいます．

したがって，力率は交流だけに考えられるもので直流の場合は，$\theta = 0°$ ですから $\cos \theta = \cos 0° = 1$ となりますから考えなくてよいわけです．

2. 力率は $\cos \theta$

ここで cos（コサイン）とは三角関数という数学の記号で，直角三角形の斜辺と底辺にはさまれた角度が θ のとき，その cos ということです．cos の意味は，図 3.3 に示すように

$$\cos \theta = \frac{AC}{AB} \tag{3・1}$$

cos の値は，角度によって変わり表 3.1 のような値をとります．

すなわち，電圧と電流の波形のずれ（位相）が大きいほど cos の値は小さくなります．

表 3.1 cos の値

θ	$\cos \theta$
0°	1
30°	$\frac{\sqrt{3}}{2} \simeq 0.87$
45°	$\frac{1}{\sqrt{2}} \simeq 0.71$
60°	$\frac{1}{2} = 0.5$
90°	0

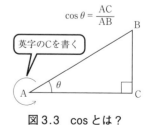

図 3.3 cos とは？

3．交流の消費電力

次に,コイルの交流電力について考えてみましょう.

交流に対しては,コイルは抵抗とリアクタンスを併せもちますから図3.4（a）のような等価回路になります.

この回路の電圧,電流の波形はそれぞれ同図（b）のe,iのようになりますから,電力$p = ei$（これを瞬時電力という）の波形は同図のpになります.このpの変化をみると,半周期のうち**位相角** θ に相当する部分では負の電力,$\pi - \theta$ に相当する部分では正の電力となります.

したがって,これを平均すると正の電力のほうが負の電力よりも大きいので,回路の消費電力はある正の電力となります.

すなわち,瞬時電力の平均値＝平均電力 P〔W〕は,次式で表されます.

$$P = EI \cos \theta \ \text{〔W〕} \tag{3・2}$$

この平均電力 P が,**交流の消費電力**であって,一般に**交流電力**,通称**電力**と呼ばれています.

（注）今までの説明では,交流は時間の経過とともに絶えず大きさが変化しているので,時刻ごとに**瞬時値** e, i, p というように小文字で表現します.

式（3・2）の中での大文字 E, I, P は,**実効値**と呼ばれるもので一般に交流の大きさを表すもので,これは図3.4（b）のように,それぞれの波形の**最大値**は,

$$\text{最大値} = \sqrt{2} \times \text{実効値} \tag{3・3}$$

という関係にあります.

以上のことから交流回路の電力 P は,$EI \cos \theta$ で表され,電圧 E と電流 I の大きさが同じでも,その位相角 θ によって,違った値になることがわかります.

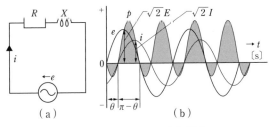

図3.4　コイルの回路と電力

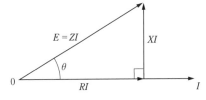

図3.5　回路と力率

したがって,抵抗 R だけの回路,例えば白熱電球のようなものでは電圧と電流に位相のずれがない（$\theta = 0$,これを「**同相**」という）とき,電力 P は $\theta = 0°$ ですから表3.1から $\cos 0° = 1$ なので $EI \cos \theta = EI$ となり,直流と同じように扱えます.

この項のコイルのように抵抗 R のほかにリアクタンス X をもつものであれば,位相角 θ が0°にならないから抵抗 R だけの回路の $\cos \theta$ 倍の電力となります.この $\cos \theta$ を「**力率**」と呼ぶわけです.すなわち,**力率は電圧と電流の位相角 θ の余弦**で表され,$0 \sim 1$,または $0 \sim 100\%$ の数値,または百分率になります.

次に,図3.4（a）の回路の**力率**を求めるのに電流 I を基準にベクトル図を描くと図3.5のようになりますから,

$$\cos \theta = \frac{RI}{ZI} = \frac{R}{Z} = \frac{R}{\sqrt{R^2 + X^2}} \tag{3・4}$$

と表されます.

4．力率の良し悪し

最後に「**力率が良い**」とか「**力率が悪い**」とは,どのような意味でしょうか.

「**良い**」とは力率の値が大きい（1に近い）ことで,「**悪い**」とは力率の値が小さい（0に近い）ことです.

それでは**力率**の値が大きい,小さいとはどのようなことでしょうか.これは,式（3・2）から

$$I = \frac{P}{E \cos \theta} \tag{3・5}$$

同じ電圧で同じ電力を使うのに,力率の値が大きければ電流は小さくてすみます.逆に,力率の値が小さければ電流が大きくなって,必要以上の電流を電力会社から供給しなければならないし,太い電線を使うことにもなって,**コストアップ**となることが理解できます.

基礎編

Q4 kWとkVAの違いは？

A4

「kW」は，定格出力において利用し得る機械的出力で，「kVA」は，定格出力である．有効電力の単位が〔kW〕で，皮相電力の単位が「kVA」である．

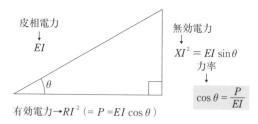

図4.1　力率と皮相電力

（注）　直流は，電圧と電流が同相のため力率 $\cos\theta = 1$ になる（Q3参照）．

解説

WやkWは，Q2で電力の単位であることを知りましたが，それに似たものにVA（ボルト・アンペア）あるいはkVA（キロ・ボルト・アンペア，ケー・ブイ・エイ）という単位があります．

ここでは，このkWとkVAにターゲットを当ててこの違いを理解していきます．

1．定格出力と皮相電力

まず，電気を送り出す発電機やトランスの容量は，流せる電流の大きさで決まりますから，電圧〔V〕×電流〔A〕を掛け合わせたVAあるいはkVAで表します．これを定格出力または，単に出力とも呼んでいます．

$$1\ \text{kVA} = 1\,000\ \text{VA} \qquad (4 \cdot 1)$$

これに対して電気（電力）を消費するモータの定格出力または，単に出力は軸において利用し得る機械的出力でワット〔W〕または，キロワット〔kW〕で表します．

また，白熱電球，けい光灯あるいは水銀灯等のランプの消費電力は，定格ランプ電力といいワット〔W〕で表しています．

$$1\ \text{kW} = 1\,000\ \text{W} \qquad (4 \cdot 2)$$

以上のお話しは，あくまでも交流ですからQ3でお話しした電力の式（3・2）を思い出してみましょう．

電力　　皮相電力　　力率
$$P = \boxed{E\,\text{〔V〕}\ I\,\text{〔A〕}} \cos\theta \ \text{〔W〕}$$

ここで，VAあるいはkVAは電圧×電流で見かけ上の電力でこれを皮相電力と呼んでいます．

また，上式の P すなわち $EI\cos\theta$ を有効電力とも呼んでいます．

このことからQ4の結論として，

$$\text{kW} = \text{kVA} \times \text{力率} \qquad (4 \cdot 3)$$

ということを導き出すことができました．

2．力率と皮相電力の関係

したがって，力率というものはQ3で定義したほかに式（4・3）より，

$$\text{力率} = \frac{\text{kW}}{\text{kVA}} \qquad (4 \cdot 4)$$

となりますから電圧と電流の積の有効電力（消費電力）の割合を示すものといえます．

このことは，Q3の図3.5の直角三角形の各辺に I を掛けると図4.1のようになることから，電力（有効電力）とは，RI^2 ですから，抵抗 R に消費される電力であり，力率は，

$$\text{力率} = \frac{\text{電力}}{\text{皮相電力}} \qquad (4 \cdot 5)$$

ということになって，皮相電力と電力（有効電力）を結びつける係数ということにもなります．

また，変圧器の出力は，皮相電力ですから力率1のときのもので，発電機の出力はkVAまたはkWですが，発電機の場合は力率を併記することになっています．

基礎編

コラム 2　電流と電力

電流とは，電流の直角三角形の斜辺のこと！

●**交流電力は3つある！**

　直流電力は，4ページの式（2・2）のように EI です．

　一方，**交流電力は3つある**ことをご存知でしょうか．本文8ページから，電力には**皮相電力**と**有効電力**の2つあることがわかりました．

　それでは，もう1つは何でしょうか．それは次ページで解説する「**無効電力**」なのです．

　次に，3つの電力は，**直角三角形の各辺**の関係になることを説明します．

　通常，負荷は**図A**（a）のように抵抗 R〔Ω〕と誘導性リアクタンス X〔Ω〕の直列回路である**誘導性負荷**がほとんどです．

　交流電力 P〔W〕は，**図A**から，

$$P = EI\cos\theta \ \text{〔W〕} \tag{1}$$

　これを**有効電力**，または**消費電力**，あるいは単に**電力**と呼んでいます．

　ここで，$\cos\theta$ は力率と呼ばれ，どのようなものであるかは，6～7ページで詳しく説明しました．

　皮相電力 S〔VA〕は，見かけ上の電力で，次式で表されます．

$$S = EI \ \text{〔VA〕} \tag{2}$$

　さらに**無効電力** Q〔var〕は，

$$Q = EI\sin\theta \ \text{〔var〕} \tag{3}$$

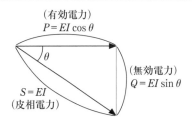

図B　3つの電力

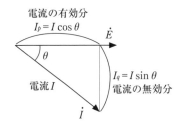

図C　3つの電流

　したがって，3つの電力は，**図B**のように**直角三角形の各辺**になります．

●**交流電流も3つある！**

　交流電流も上記の交流電力と同様に**電流**，**電流の有効分**および**電流の無効分**の3つあります．

　そして，この3つの電流も**図C**のように**直角三角形の各辺**になります．

　それでは，一般に私たちが「**電流**」と言っているのは，上の3つの電流のうち，何でしょうか．

　答えは，**図C**の斜辺のことです．

　例えば，6.6〔kV〕，1000〔kVA〕，力率0.8の三相同期発電機の定格電流 I_n〔A〕は，

$$I_n = \frac{S}{\sqrt{3}\,V_n} = \frac{1000}{\sqrt{3}\times 6.6} = 87.5 \ \text{〔A〕}$$

というように計算します．

ベクトルであることを表すのに文字記号の上に・（ドット）をつける．

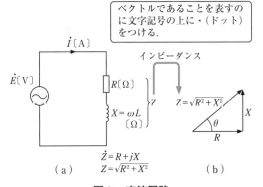

図A　交流回路

A5

「無効電力」とは，エネルギーに変換されない電力で，モーターや変圧器の磁束を作る源になり，機器本来の役割を果たす重要なものである．

解説

交流には**力率**というものがあって，直角三角形の斜辺に相当する **kVA** の**皮相電力**，底辺に相当する **kW** の**有効電力**という存在を知りました．

では，**無効電力**という用語を聞いたことはありませんか？　ここでは，この**無効電力**にズームインします．

1．力率と無効電力の関係は？

交流には**力率**というものがありますから，直角三角形の対辺に相当する $XI^2 = EI \sin \theta$，すなわち**リアクタンスの電力**を**無効電力**と呼んでいます．（**Q4** の図 4.1 参照）

単位はバール〔var〕で，一般にはその 1 000 倍のキロバール〔kvar〕が単位としてよく使用されます．

もし抵抗分 R が全くない，リアクタンスだけなら $\theta = 90°$ となりますから，$\cos 90° = 0$, $\sin 90° = 1$ より，有効電力 = 0，無効電力 = $EI = XI^2$

すなわち，**無効電力**は電力を消費しないものということができます．

別の表現をするなら，**無効電力**とはエネルギーに変換されない電力です．

2．モーターにおける無効電力の役割は？

さて，**無効電力**は読んで字のごとく本当に無効な電力なのでしょうか．

では，私たちに最も身近な**モータ**，**変圧器**およびけい光ランプの原理を通じて，**無効電力**そのものの正体を明らかにしていきましょう．

図 5.1（a）のようにモータとファンを結合するベルトを外してモータに電圧をかけるとモータは空転となって，同図（b）のように電源から電流が流れますがエネルギーは消費されません．

すなわち，**有効電力**（以下「電力」という）は 0 で，この電流はモータの中の磁束を作るための電流，すなわちリアクタンスに流れる電流でモータを回転させる電流です．

次に，図 5.2（a）のようにモータにベルトを通してファンをつなぐと，モータはファンを動かすための**エネルギー**を使います．これを同図（b）のように電気回路で表現すればモータに流れ込む電流は，磁束を作るための電力にならない電流とファンを動かすための**エネルギー**に変換される電力になる電流との合計になります．

このモータの磁束を作るため，すなわちモータを回転させるためのリアクタンスの電力を「**無効電力**」といいます．

3．変圧器における無効電力の役割は？

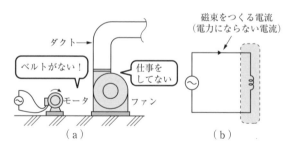

図 5.1

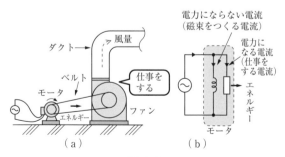

図 5.2

変圧器は，図5.3のように鉄心にコイルを巻いたもので電源につながる一次コイルと反対側に二次コイルを持っています．

一次コイルに交流電圧を加えると電流が流れ，電流が流れると鉄心の中に**磁束**ができます．

したがって，交流の変化に応じて**磁束**が変化しますから中学校の理科で勉強したように**電磁誘導**によって二次コイルに電圧が出ます．

これが**変圧器の原理**で，一次コイルに電圧を加えたときに磁束をつくる，すなわちリアクタンスの電力が「**無効電力**」です．

エネルギーに変換されない，二次コイルに電圧を出すための磁束をつくる電力が**無効電力**となります．

以上からモータや変圧器は，鉄心とコイルでできていて<u>コイルはリアクタンスを持ちますから無効電力を消費します．</u> すなわち，**無効電力**とはリアクタンスの持つ電力と言うこともできます．

もっとわかりやすく表現すると**無効電力**は，モータや変圧器の磁束をつくる源になり，それぞれ，回転するためと二次コイルに電圧を発生させるために機器本来の役割を果たす重要なものです．

4．けい光ランプにおける無効電力の役割は？

最後に，けい光ランプの点灯原理に簡単に触れてからもう一度，**無効電力**について考えてみましょう．

けい光ランプは，放電ランプの特徴として電流が増加するほどランプの抵抗が減少するという**電気的負特性**がありますので，この電流を制限して安定して点灯を持続させるため**安定器**（バラスト，

あるいは**チョークコイル**ともいいます）をランプに<u>直列に接続します．</u>

図5.4（a）で，交流電圧を加えると点灯管の接点が入ると，①のようにランプ両端のフィラメントに定格電流のおよそ2倍の始動電流が流れますので，フィラメントを加熱して電子が放出されます．

やがて点灯管の接点を開くと，安定器に大きな電圧が発生して②のように放電が開始されます．

このけい光ランプの等価回路は，おおざっぱには同図（b）で表され，Rがランプの放電抵抗，Xが安定器のリアクタンスで，けい光ランプ等の放電ランプは，放電電流が増加するほどランプの放電抵抗Rが減少します．

このように，**安定器**は放電を開始させるとともにランプ電流を一定にするためにも必要です．この安定器は，ランプ電流に比例した**電圧降下**を生じてランプ電圧を調節するもので，<u>リアクタンスですから電力を消費しません．</u>

すなわち，この**安定器**は電圧降下だけでリアクタンスの電力ですから**無効電力**というわけです．

以上で，**無効電力**というものが電気を使う私たちのくらしに欠かせない無効と言えない重要な役割を担っていることを理解いただけたでしょうか．

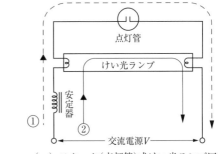

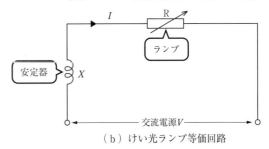

（a）スタータ（点灯管）式けい光ランプ回路

（b）けい光ランプ等価回路

図5.4

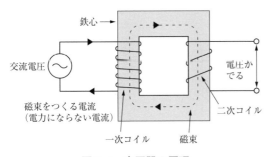

図5.3　変圧器の原理

Q6 力率改善とは？

A6

「力率改善」とは，力率の値を1に近づける，すなわち力率角を0に近づけること．つまり，電圧と電流の位相差を0に近づけ，電流を小さくして，無効電力を小さくすることである．

解説

力率と無効電力とはどのようなものかについて，およそこのようなもの，ということがわかっていただけましたか．

ここでは，「力率を良くすること」，これを「力率改善」といい，この「力率改善」と「力率改善用コンデンサ」について扱います．

1．力率改善とメリット

力率改善とは，力率を良くすることで力率の値をできるだけ1に近づけることを意味します．

これは力率角（位相角）をできるだけ0°に近づけることであって皮相電力≒有効電力で，電圧と電流の位相差をできるだけなくすことです．

そうすると，式(3・5)から電力会社から送る電流が小さくなりますから発電機容量も小さくて済むわけで電力会社にとっては設備面で助かることになります．（Q3, 4参照）

したがって，電力会社は力率改善した利用者には，電気料金のうち基本料金を力率85 ％ (0.85)を基準に割引する制度を採用しています．

すなわち，基本料金は次の式で計算しています．

$$契約電力〔kW〕× \frac{185 - 力率}{100} × 単価〔円／kW〕$$

$$(6・1)$$

例えば力率を95 ％に改善したらどのくらい基本料金は安くなるでしょうか．

式(6・1)にこの数値を代入して計算してみましょう．

$\frac{185 - 95}{100} = \frac{90}{100} = 0.9$ になりますから，力率85 ％のときの基本料金の0.9倍となり10 ％の割引ということになります．

2．コンデンサに流れる電流

コンデンサは，図6.2 (a)のような記号で表し，これは同図(b)のように電極(電気を通すもの)の間に絶縁物(電気を通さないもの)が入っていて静電容量がありますから，これと周波数によってリアクタンスとなります．

大まかな表現をしますと，このコンデンサに直流電圧を加えても電気を通しませんが，交流電圧を加えると電気を通します．

ではコイルのときと同様に交流電圧 e を加えたときの電流 i の波形を考えてみましょう．

コンデンサに流れる電流の波形と電圧の波形も図6.3のようにずれていますが，波のずれ方がコイルのリアクタンスだけのときの電流の波形と正反対になります．

したがって，リアクタンスに流れる電流すなわち，磁束を作るための電流とコンデンサに流れる電流の大きさが同じなら，電源から流れる電流は

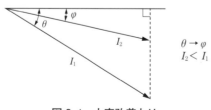

$$\theta \to \varphi$$
$$I_2 < I_1$$

図6.1　力率改善とは

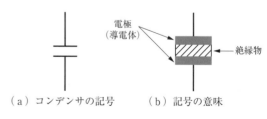

（a）コンデンサの記号　　（b）記号の意味

図6.2　コンデンサ

エネルギーに変換される電力になる電流だけになって，**力率は1になり**，**力率改善**されたことになります．

　以上のことから負荷は，モータに代表されるようにほとんどコイルですから力率を悪くさせますが，力率を改善させるためにはコンデンサの電流を流せばよいことがわかります．

3．力率改善用コンデンサ

　力率改善のためのコンデンサを「**力率改善用コンデンサ**」あるいは「**進相用コンデンサ**」といいます．この原理は，これまで説明したとおりで，図6.4のように負荷と並列につなぎます．

　次に，リアクタンスの電力を**無効電力**と呼び，モータや変圧器の磁束を作るための電力であることを勉強しましたが，コンデンサもリアクタンスであって**無効電力**を供給します．

　すなわち，コイルとコンデンサに流れる電流の方向が逆であったように，**無効電力**にも2種類あり，コイルの無効電力（遅れの無効電力とか遅相無効電力という）とコンデンサの無効電力（進みの無効電力とか進相無効電力という）があります．

　したがって，力率を改善するには，負荷の遅れ無効電力を打ち消すコンデンサの進みの無効電力

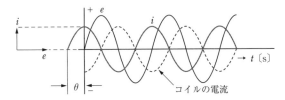

図6.3　コンデンサに交流電圧を加えたときの波形

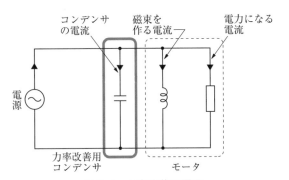

図6.4　力率改善の原理

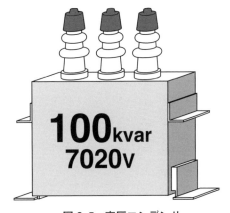

図6.5　高圧コンデンサ

を供給することになります．

　また，コンデンサも電力を消費しないエネルギーに変換されない**リアクタンスの無効電力**です．

　コンデンサの無効電力も単位はバール〔var〕で，一般にはその1 000倍のキロバール〔kvar〕をよく使用します．

　なお，**力率改善用コンデンサ**は，高圧用と低圧用がありますが，最近は地球環境問題の観点から省エネルギーの必要性により，負荷の端末に設置する**低圧用コンデンサ**の設置が多くなっています．

　さらに**高調波**抑制効果からも低圧用コンデンサのほうが有利になることから，力率改善用コンデンサは**低圧側設置**がお勧めです．

　もちろん電気料金（基本料金）の節減のみを考えれば受電点の力率が改善されれば用が足りるので，高圧用コンデンサ設置で問題ありません．

　しかし，負荷の数が多い場合はおのおのの負荷にコンデンサを設置するので端末設置のほうが母線設置に比べて**設備費用**が高くなります．また，コンデンサの単位容量（kvar）当たりの価格は，一般に高圧用のほうが安く，低圧用はこれより高価となります．

　したがって**経済的観点**からは母線設置の高圧用のほうが有利となります．

Q7 50 Hz と 60 Hz の違いは？

A7

　商用電源は，東日本で「50 Hz」，西日本で「60 Hz」であり，周波数の違いにより機器性能が異なる場合がある．

解説

　ご存知のように国内では，商用電源の**周波数**[※1]は，東日本の 50 Hz と西日本の 60 Hz があります．**周波数**の違いによって使えない電気機器（以下「機器」という）もありますが，使えるものもあります．ここでは，電気を利用する立場から周波数の違いによる**機器への影響**の考え方を紹介します．また，2011 年 3 月の東日本大震災により東日本は大規模な電力不足に陥りました．しかし，西日本から東日本への**電力融通**が周波数の相違によってほとんどできなかったことも説明します．

1．国内になぜ 50 Hz，60 Hz の地域が混在する？

　明治時代に遡り，関東では 50 Hz の**ドイツ**から，関西では 60 Hz の**アメリカ**から発電機を導入したのを機に，東日本，西日本の周波数の違いが形成されました（**図 7.1**）．第二次世界大戦後の復興時に周波数統一の構想がありましたが，急速な復興によりその構想は頓挫しました．なお，国内に**周波数の違い**があるのは世界でも例がなく，日本だけと言われています．

2．国内で電力融通はできないのか？

　電力不足が発生したとき，同一周波数区域では電力会社間での電力の相互融通が行われています．

　異なる周波数の電力会社間の電力の相互融通を行うためには，**図 7.2**のような**周波数変換所**を経由しなければなりません．しかし，この**周波数変換所**は，国内に東京電力の新信濃変電所（最大 60 万 kW），中部電力の東清水変電所（最大 10 万

kW），電源開発の佐久間周波数変換所（最大 30 万 kW）の 3 か所しかなく，両周波数間で相互融通可能な最大電力[※2]は，100 万 kW 程度です．一方，東日本大震災直後の東日本の電力不足は 1 100 万 kW 以上が見込まれましたが，当時の西日本では余裕があったにもかかわらず，周波数変換所の能力から融通できた電力はその 1 割程度と言われています．この**周波数変換所**の建設費は膨大で，30 万 kW クラスで 700 億円，建設期間 10 年程度がネックとなったようです．

　なお，**周波数変換所**は図 7.2 のとおり，50 Hz と 60 Hz の異周波数の電力融通を行う非同期連系で別名 BTB と言います．すなわち，**交直変換所**の順変換器で交流を一度直流にし，この直流を再び**逆変換器**で交流に変換する方式で，電力の流れが逆であれば，**順変換器が逆変換器，逆変換器が順変換器**になります．この**交直変換所**の**無効電力消費量**が大きく，融通電力を 30 万 kW とすると順・逆変換それぞれが 60 %なので 36 万 kvar にもなり，大きな**調相設備（無効電力供給源）**が必要になります．そのほか，高調波吸収フィルタ，交直変換所も建設費のかかる一因です．

3．60 Hz の機器は 50 Hz で使えない？

　工場やビルで使用される機器の中で，50 Hz 専用機器，60 Hz 専用機器として製作されている**変**

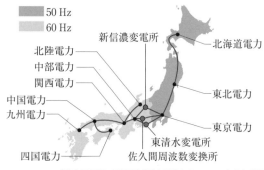

■ 50 Hz
■ 60 Hz

新信濃変電所
北陸電力
中部電力
関西電力
中国電力
九州電力
四国電力

北海道電力
東北電力
東京電力
東清水変電所
佐久間周波数変換所

（平成22年版 東京電力「電力設備」パンフレットより引用）

図 7.1　50 Hz と 60 Hz

圧器，照明，モータについて，周波数の違いによる機器への影響の考え方を紹介します．なお，50/60 Hz 仕様として製作されているものは，どちらの地区でも共通で使用できるように設計されているので問題ありません．

① 変圧器

変圧器の原理は，ひと言で表現すれば，鉄心中の交番磁束による**電磁誘導作用**の利用です．ここで，変圧器の電圧 E は，周波数を f, 磁束密度を B, 磁束を ϕ, 鉄心断面積を S, 巻数を N とすれば，

$$E = 4.44fN\phi = 4.44fNBS \qquad (7 \cdot 1)$$

ここで，$4.44NS = k$（定数）とおくと，

$$E = kfB \qquad (7 \cdot 2)$$

同一電圧で使用した場合，60 Hz 変圧器の**磁束密度**を B_{60} に設計して，その変圧器を 50 Hz で使用したときの**磁束密度** B_{50} は，

$$E = k \cdot 60B_{60} \qquad (7 \cdot 3)$$

$$E = k \cdot 50B_{50} \qquad (7 \cdot 4)$$

$$\therefore B_{50} = \frac{60}{50}B_{60} = 1.2B_{60}$$

したがって，磁束密度は 20 ％増加となって**磁気飽和**[※3]が発生し，励磁電流，無負荷損（鉄損）が大幅に増加し，騒音・振動も大きくなるほか，二次誘起電圧の波形が歪む等の**障害により使用できません**．

逆に 50 Hz 変圧器を 60 Hz で使用したときの**磁束密度**は，式（7・3）（7・4）より，

$$B_{60} = \frac{5}{6}B_{50} \fallingdotseq 0.8B_{50}$$

となり，磁束密度は約 20 ％減少して特性変化はあるものの定格出力で**連続運転**が可能です．

② 照明

白熱電球，ハロゲンランプのように温度放射で発光するもの，Hf けい光ランプのように**インバータ**を使用するもの，LED のように交流電源で使用するものの実際には**直流電圧**で発光しているものは，50 Hz，60 Hz に関係なく使用できます．

それ以外の放電を利用しているランプ，すなわちけい光灯器具，HID 照明器具は**安定器**を使用していますので検討が必要です．放電ランプは，ランプが抵抗 R, 安定器がリアクタンス X（$= \omega L$, ω：角周波数，L：インダクタンス）の RL 直列回路ですから，電圧を V とすると電流 I は，

$$I = \frac{V}{\sqrt{R^2 + X^2}} = \frac{V}{\sqrt{R^2 + \omega^2 L^2}} \qquad (7 \cdot 5)$$

まず 60 Hz 安定器を 50 Hz で使用すると L は不変ですから，

$$X_{60} = 2\pi \cdot 60 \cdot L$$

$$\therefore X_{50} = 2\pi \cdot 50 \cdot L = \frac{5}{6}X_{60}$$

したがって，式（7・5）より電流 I が 1.2 倍と大きくなって**ランプの寿命が短くなり，安定器が過熱するので使用できません**．一方，**50 Hz 安定器を 60 Hz で使用**すると，

$$X_{60} = \frac{6}{5}X_{50} = 1.2X_{50}$$

となって，電流 I が減少し，ランプの寿命は短くなりますが安定器は支障ありません．この場合，少し暗くなりますが使用できないことはありません．

③ モータ

モータは，周波数変動に関しては，±5 ％幅では支障なく運転できますが，60 Hz ⟷ 50 Hz では**20 ％程度の変動**になります．60 Hz→50 Hz では，①と同様に無負荷電流が増加し，回転数が下がって始動電流が増加します．一方，50 Hz→60 Hz では回転数が上がり消費電力増加となり，トルクが減少します．

したがって，**60 Hz ⟷ 50 Hz 運転は好ましくありません**．

※1．**周波数**：図7.3のように正弦波交流の a から e までの 1 波形をサイクルといい，1 サ

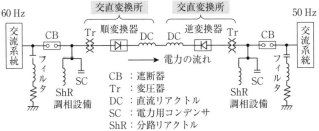

図 7.2　周波数変換所の基本構成

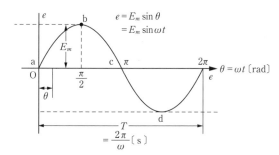

図7.3　正弦波交流の波形

イクルに要する時間 T を**周期**〔s〕，1秒間のサイクル数を**周波数**（記号 f）と称して，単位には**ヘルツ**〔Hz〕を用いる．なお，周波数 f〔Hz〕と周期 T〔s〕との間には次の関係がある．

$$f = \frac{1}{T} \text{〔Hz〕} \qquad (7 \cdot 6)$$

※2．**相互融通可能な最大電力**；東日本大震災当時の3箇所の周波数変換所の能力は合計100万kW程度であったが，その後の東清水変電所が増強されて**計120万kW**になった．しかし，東西間で融通できる電力が小さいため，政府の後押しで2020年度を目標に新信濃変電所は60万kWから150万kWに拡大するよう，現在90万kWの増強工事が行われている．したがって，この工事が完成すると，東西間の融通可能な電力は，**210万kW**に増強されることになる．（図7.4）

　なお，**FC**とは**周波数変換設備**の略称で，新信濃FC，東清水FCはそれぞれの変電所内に併設されているため，新信濃変電所，東清水変電所とも称されている．

※3．**磁気飽和**；図7.5（b）のように，巻数 N の鉄心にコイルを巻いたものに電流 I〔A〕を流すと，**磁界** H〔A/m〕を生じ，**磁束密度** $B = \mu H$〔T〕の磁束を生じる．この μ を**透磁率**という．ところが，同図（a）のように空心コイルであれば，$\mu = \mu_0 = 4\pi \times 10^{-7}$〔H/m〕となり，電流 I〔A〕によって**磁界** H〔A/m〕を生じ，**磁束密度** $B = \mu_0 H$〔T〕の磁束を生じ，B と H は比例する．この関係を縦軸に B，

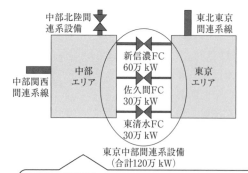

図7.4　東西間の相互融通可能な最大電力

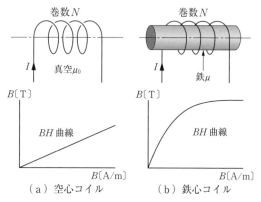

図7.5　空心コイルと鉄心コイルの BH 曲線

横軸に H を取ってグラフに書いたものは曲線となり，これを **BH 曲線**という．

　しかし，同図（b）のように鉄心コイルの場合は，H を増加していくと B はほぼ比例して増加するが，H がある値以上になると，B はほとんど増加しなくなる．これを**磁気飽和**と呼ぶ．すなわち，鉄心の透磁率 μ は，一定の値ではなく，磁界 H の値がある値以上になると変化して小さくなってしまう．実は，コイルの**インダクタンス** L は，この μ と比例関係にあり，**磁気飽和**が起きると，一定と考えていた**インダクタンス** L が小さくなるから，過電流となって，コイルが焼損することになる．したがって，機器では**磁気飽和**は起きては困る現象ということになる．

16

コラム3 三角関数

サイン，コサインとは？　また，どちらかがわかると他方がわかる⁉

私たちが扱う電気は，ほとんどが交流で，Q1で勉強したように正弦曲線と呼ばれるサインカーブを描いています．

したがって，交流そのものが三角関数なのです．

また，交流は位相というものがあって，それが力率 $\cos\theta$ ですから，電気を扱うのに三角関数の知識は必要不可欠であることが理解できます．

でも，その必要不可欠の三角関数の知識って，ほんの少しで，難しいものではありません．

たったの3つを覚えるだけです．3つとは式（1），（2）および（5）です．

●サイン，コサインとは？

サイン（sin），コサイン（cos）は，定義ですから決めごとと思って覚えるしかありません．

図Aのような直角三角形では，

$$\sin\theta = \frac{a}{c} \tag{1}$$

$$\cos\theta = \frac{b}{c} \tag{2}$$

●コサインがわかるとサインがわかる⁉

図Aの直角三角形で，ピタゴラスの定理（Q1の図1.3参照）から，

$$a^2 + b^2 = c^2 \tag{3}$$

式（1），（2）から，

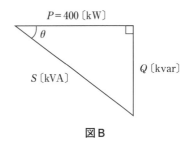

図B

$$a = c\sin\theta, \quad b = c\cos\theta \tag{4}$$

式（4）を式（3）に代入して，

$$(c\sin\theta)^2 + (c\cos\theta)^2 = c^2$$

$$c^2\sin^2\theta + c^2\cos^2\theta = c^2$$

両辺を c^2 で割ると，

$$\sin^2\theta + \cos^2\theta = 1 \tag{5}$$

この式が sin と cos の関係を結びつける重要な公式です．

式（5）から，

$$\sin^2\theta = 1 - \cos^2\theta$$

$$\therefore \quad \sin\theta = \pm\sqrt{1 - \cos^2\theta} \tag{6}$$

この式から，cos がわかれば sin がわかることが理解できます．また，一般角※の三角関数を考えるとき，sin, cos は－（マイナス）になるときがあります．

●サイン，コサインの電気への応用

有効電力 $P = 400$〔kW〕と負荷の力率 $\cos\theta = 0.8$ が与えられていれば，皮相電力 S〔kVA〕と無効電力 Q〔kvar〕がわかります．まず，図Bのように直角三角形を書きます．

式（6）から，

$$\sin\theta = \sqrt{1 - 0.8^2} = 0.6$$

$$S = \frac{P}{\cos\theta} = 500 \text{〔kVA〕}$$

$$Q = S\sin\theta = 300 \text{〔kvar〕}$$

$$\sin\theta = \frac{対辺}{斜辺}$$

$$\cos\theta = \frac{底辺}{斜辺}$$

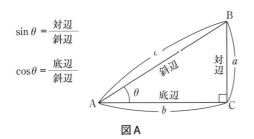

図A

※　一般角；付録の数学編のテーマ14参照．

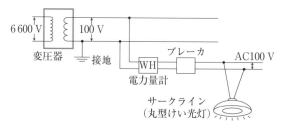

Q8 単相と三相の違いは？

A8

「三相交流」とは，大きさが等しく，位相が120°ずつ違う3つの「単相交流」の組み合わせである．

解説

現場でひんぱんに使用される「**単相**」と「**三相**」にターゲットを当てて，少しずつ電気の核心に入ります．

私たちが家庭の電灯やコンセントで使用している交流電源100 V（AC100 V）は，2本の電線で電気が供給されているので「**単相交流**」といい，これを通称，単に「**単相**」と呼んでいます．（**図8.1**）

これに対して，発電所から送電線にて3本の電線で送られてくる電気（**写真8.1**）のほか，ビル，工場で大きな動力を使用する**モータ**は，三本の電線で電気が供給されるので「**三相交流**」といい，これを通称，単に「**三相**」と呼んでいます．

図8.1 単相2線式

写真8.1 送電線は三相

1．三本の電線のものは？

確かに三相をモータ等の負荷へ供給する電線は三本ですが，逆に三本の電線を使用するものは，すべて三相かというとノーです．

単相3線式の配線は，変圧器から分電盤内までは三本の電線で，分電盤から負荷への電線は二本です（**Q9**参照）．

また，**三相4線式**は，四本の電線で供給されます．

なお，三相というと一般には**三相3線式**を意味します．（→「単相3線式」については，**Q9**参照.）

2．三相は，三つの単相を組み合わせたもの？

まず，**三相交流**とは大きさが等しく，位相が120°ずつ違う（ズレた）三つの**単相交流**の組合せで三相交流発電機（以下「発電機」という）で作られ，一般に電力会社から供給されます．

すなわち，**三相交流**（以下「三相」という）は，**図8.2（a）**で示すように三つの単相交流電源 e_a，e_b，e_c にそれぞれランプ負荷をつなぐと電流が流れますが，この三つの**単相交流**（以下「単相」という）を送るためには，6本の電線が必要になります．

同図（a）のように独立した三つの単相は，発電機で作られると考え，同図（b）のように書き換えると実感がわいてきます．これに三相負荷をつなぐと，負荷からの帰りの電流が3本の電線を通して流れます．

この中央の3本の電線を1本にまとめて同図（c）のようにしても，各負荷の電流は変わりません．

これが**三相4線式**です．（→ **Q11**参照）

したがって，同図（c）で1本にまとめたＯＯ′線（これを「**中性線**」という）には，電流が流れないことがわかっています．つまり電流が流れない電線なら，あってもなくても同じだから取り去って

18

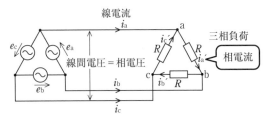

図8.3　△―△結線

もよいわけですから，同図（d）のようになります．すなわち，**三相は3本の電線でよい**わけで，**三相3線式**となります．

以上から，三相は単相電源と負荷の組合せが三つであることがわかりましたね．

3．三相の結線は？

三相電源と負荷を接続した三つの単相回路を，同図（d）のようにY形に結線した方法を**丫（スター）結線**または**星形結線**といいます．ここでは，電源も負荷も**丫結線**になります．

また，各相の電圧を**相電圧**，各相に流れる電流を**相電流**といいます．さらに，電源と負荷を接続する線間の電圧を**線間電圧**，その線に流れる電流を**線電流**と呼んでいます．

このように負荷に電気を供給する場合，電源として上記の**丫結線**のほかに**△（デルタ）結線**があります．また，負荷の結線も同様に**丫結線**のほかに**△結線**があります．（**図8.3**参照）．

なお，相電圧と線間電圧および相電流と線電流の関係は次のようになります．

丫結線	線間電圧 ＝ $\sqrt{3}$ × 相電圧
	線電流 ＝ 相電流　　　　　　（8・1）
△結線	線間電圧 ＝ 相電圧
	線電流 ＝ $\sqrt{3}$ × 相電流　（8・2）

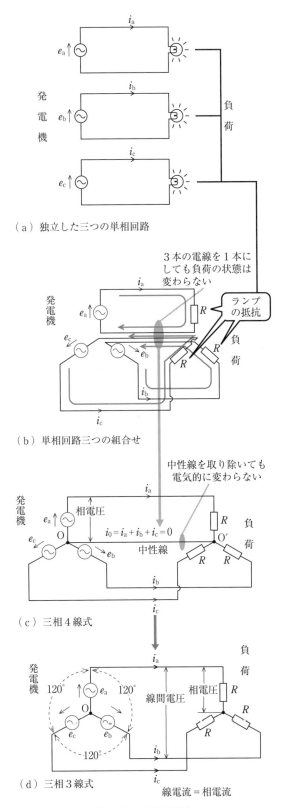

（a）独立した三つの単相回路

3本の電線を1本にしても負荷の状態は変わらない

ランプの抵抗

（b）単相回路三つの組合せ

中性線を取り除いても電気的に変わらない

$i_0 = i_a + i_b + i_c = 0$
中性線

（c）三相4線式

（d）三相3線式
線電流 ＝ 相電流

図8.2　三相の概念

A9

「単相3線式」とは，単相2線式の結線の二次側のコイルの中央の点を接地して，中性線を出し，3線で供給する方式で，100Vと200Vの2種類の電圧が得られる．

解説

「三相」は，三本の電線で供給されていることがわかりましたが，逆に三本の電線の配電方式は「**三相3線式**」のほかに，「**単相3線式**」もあります．

ここでは，家庭のほかビル，工場にも導入されている電気の供給方式のうちの「**単相3線式**」，通称「**単3**」（以下「**単3**」という）にスポットをあてて話を進めていきます．

図9.1は，電力会社の**配電線**（高圧線）から電灯引込線までをわかりやすく図解したものです．

一番上が**高圧配電線**で，普通6600Vです．その次のアームが**低圧動力線**で200V，その下のものは高圧線から引き下げて**変圧器**を通って100Vと200Vの2種類の電圧が取り出せる単三で架線され，**引込線**によって各家庭や商店，小規模工場に引き込まれます．

なお，この**柱上変圧器**は，高圧6600Vから100/200V**単相3線式**を取り出すためのもので，**図9.2**のとおりです．したがって，低圧動力線の三相3線式200Vは，別の柱上変圧器で取り出します．

単3というのは，単相二線式の変圧器の結線の二次側（低圧側）のコイルの中央の点を接地して，そこから**中性線**を出し，この中性線と外側の2本の線と合わせて三線で供給する方式です．

したがって，この中性線と外側の両線との間の電圧が100Vで，外側の両線どうしの間の電圧が200Vとなって，2種類の電圧が取り出せることになります．

なお，ビル，工場では，たいてい**変電設備**がありますから高圧で引き込んで電灯変圧器によって

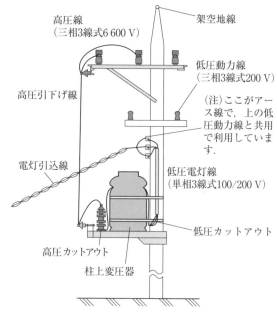

高圧線
（三相3線式6600V）

架空地線

低圧動力線
（三相3線式200V）

（注）ここがアース線で，上の低圧動力線と共用で利用しています．

高圧引下げ線

電灯引込線

低圧電灯線
（単相3線式100/200V）

低圧カットアウト

高圧カットアウト

柱上変圧器

図9.1　架空配電設備

100/200V**単3**を取り出します．

1．単3の使われるところは？

単3は，**図9.3**のように一般家庭でもビルでも分電盤を設けて，負荷へは単相100Vあるいは単相200Vとして，それぞれ二本の配線工事を行います．

したがって，ビル，工場内の配電方式が**単3**で，負荷として使用するときは，単相100Vあるいは，単相200Vになります．

この**単3**は，2種類の電圧が取り出せるので，けい光灯や水銀灯は200Vとして，白熱灯，ハロゲン灯およびコンセントは100Vで使用することが多いようです．

2．単3のメリットは？

単3は，同じ電力に対して必要な**電線の太さ**が，単相2線式より細くてすむばかりでなく，**電圧降下**や**電力損失**も小さくなりますから，一般家庭でも容量の大きいところや商店，ビル，工場等の電

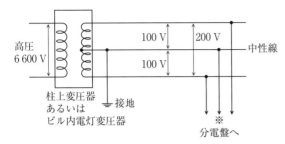

図9.2　100／200 V 単相3線式

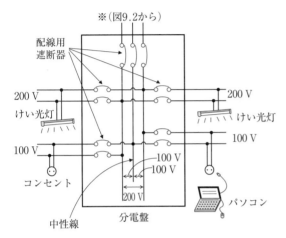

図9.3　ビル内分電盤

灯需要の多いところに使用されます．（→ Q17 参照）

　さらに**単3**は，**対地電圧**（→ Q10 参照）が 100 V であることから**危険性**が少ないため，**安全度**が単相2線式 200 V や三相3線式 200 V に比較して高いのです．

3．単3の注意点は？

　単3で大切なことは，100 V 負荷をバランスさせることによって，**中性線**の電流が 0 A になります．この 100 V 負荷がバランスしていないと，どちらかの相の電流が大きくなって分電盤内主配線用遮断器が**トリップ**して，使用できないことがあります（「**例題9.1**」参照）．

　さらに，中性線が断線するとアンバランスの電圧が加わって，負荷の少ない側に**異常電圧**が加わり，**過熱焼損**の危険すらあります．

4．単3を理解できましたか？

　単3が広く使用されていることがわかりましたが具体例で理解度を確認してみましょう．

　次は，平成7年度午前の部で出題された第2種電気工事士筆記試験の問題です．この問題に挑戦してみましょう．

例題9.1　図9.4のような**単相3線式**回路においてa，b，c各線に流れる電流〔A〕の組合せで正しいのはどれか．Ⓗは純抵抗とする．

　イ．a線 16　ロ．a線 11　ハ．a線 16　ニ．a線 11
　　　b線 2　　　b線 2　　　b線 10　　　b線 10
　　　c線 14　　　c線 9　　　c線 14　　　c線 9

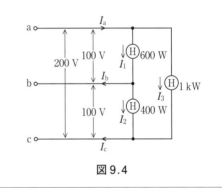

図9.4

■解答　公式（2・2）を使用して

$$600\text{ W のⒽに流れる電流 } I_1 = \frac{600}{100} = 6 \text{〔A〕}$$

$$400\text{ W のⒽに流れる電流 } I_2 = \frac{400}{100} = 4 \text{〔A〕}$$

$$1\text{ kW のⒽに流れる電流 } I_3 = \frac{1\,000}{200} = 5\text{〔A〕}$$

a，b，c各線の電流を I_a, I_b, I_c とすれば，
　$I_a = I_1 + I_3 = 6 + 5 = 11$〔A〕
　$I_b = I_1 - I_2 = 6 - 4 = 2$〔A〕
　$I_c = I_2 + I_3 = 4 + 5 = 9$〔A〕　　　**正解　ロ．**

　ここで，上下のⒽ（I_1, I_2）が 500 W ならバランスして，中性線（b）の電流 I_b は 0〔A〕で流れなくなりますね．

Q10 対地電圧とは？

A10

「対地電圧」とは，接地側電線（0 V）と非接地側電線との間の電圧であり，住宅屋内配線では原則として対地電圧 150 V の制限がある．

解説

単3は**対地電圧**が 100 V であることから危険性が少なく，単相2線式 200 V や三相3線式 200 V に比べて安全度が高いことを知りました．

ここでは，「**対地電圧**」の持つ意味を知ることによって，電気のおもしろさを知っていただきます．

柱上変圧器で高圧 6 600 V から降圧して単相3線式 100/200 V を取り出し，一般家庭に 100 V を供給するのを示したのが**図 10.1** です．

一般に，変圧器低圧側には**電気設備技術基準の解釈**[※1]により，接地工事（Q14 参照）が施され，この接地されている側の電線を**接地側電線**といい，この**対地電圧**を 0 V として扱います．

これに対するほかの電線を，**非接地側電線**または**電圧側電線**といい，これと**接地側電線**との間の電圧を**対地電圧**といいます．

図 10.1 のように，単相3線式 100/200 V では中性線に接地工事が施されていますので 200 V で使用する場合も対地電圧は 100 V になります．

1．点滅器とコンセント

ここで，図 10.1 のように一般家庭に 100 V を供給して**電灯**へ配線工事を行う場合，**点滅器（スイッチ）**の位置は，**図 10.2** と**図 10.3** とではどちらが正しいか考えてみましょう．

これは，図 10.2 が正解です．なぜなら，接地側の極は，非接地側の極より早く切れたり遅く入ってはならないからです．それにランプを交換するとき，スイッチを切っておけばランプに電圧がかからないから安全です．

さらに，100 V で使用する**コンセント**は，**図 10.4** のように太い線で示した記号のほうを接地側の極として使用することが，**内線規程**[※2]で定められています．

なお，実際の**コンセント**は片方の極の長さの長いほうが接地側で，**対地電圧**は 0 V です．

また，電線も**極性標識**が**内線規程**で定められ，非接地側（電圧側電線）は，白色または灰色を使用しないとしているため黒色，接地側電線は白色を使用しています．

2．住宅の対地電圧の制限

住宅の屋内配線の**対地電圧**は，白熱電灯及び放電灯（けい光灯のこと）は，人が手を触れて扱う機会が多く，特に感電の危険もあるので，**電気設備技術基準の解釈**で 150 V 以下としています．

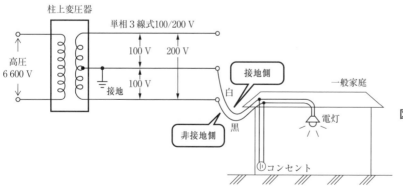

図 10.1　接地側と非接地側

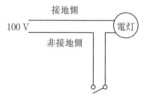

図 10.2　非接地側にスイッチ

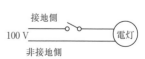

図 10.3　接地側にスイッチ

形式	 (II)	太い線で示した記号は接地側極として使用
実物	 (I|)	極の長さの長いほうを接地側極として使用

図 10.4　125 V 15 A コンセント

すなわち，**対地電圧** 150 V 以下を安全確保の基本と考えています．

したがって，住宅への電気供給方式は**単相2線式100 V** か**単相3線式100/200 V** ということになります．

この2つの電気供給方式は，**表10.1** のように**対地電圧**が100 V のため，150 V 以下となり安全度が高いからです．

しかし，住宅でも定格消費電力が**2 kW 以上**の電気機械器具およびこれのみに電気を供給するための屋内配線には，工事を強化する等の条件付で**三相3線式200 V** の供給が認められています．ただし，この電気機械器具と屋内配線は直接接続して施設するものとし，コンセントによる接続は禁止されています．

3．実際の住宅への引込み配線

写真10.1 の下の矢印で示した3本の配線が100/200 V 単相3線式で，その中の一番の上の線を**アース線**として共用し，上の矢印で示した2本と合わせて三相3線式200 V となっています．

写真 10.1　住宅への配線

表 10.1　電気供給方式と対地電圧

電気供給方式	変圧器の結線方法	対地電圧
100 V 単相2線式	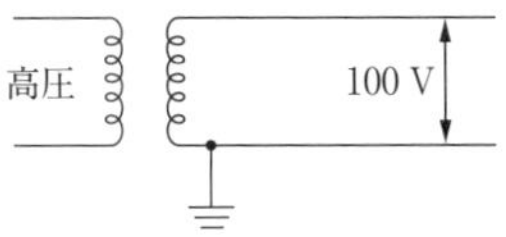 高圧　100 V	100 V
200 V 単相2線式	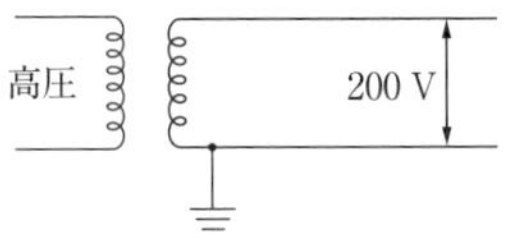 高圧　200 V	200 V
100／200 V 単相3線式	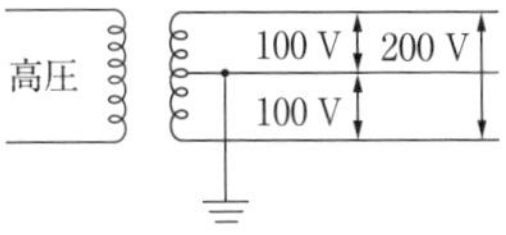 高圧　100 V 100 V　200 V	100 V
200 V 三相3線式	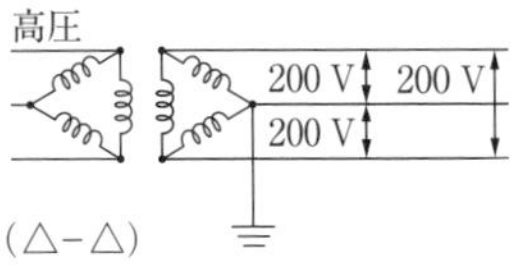 高圧　200 V 200 V 200 V　（△-△）	200 V
200／415 V 三相4線式	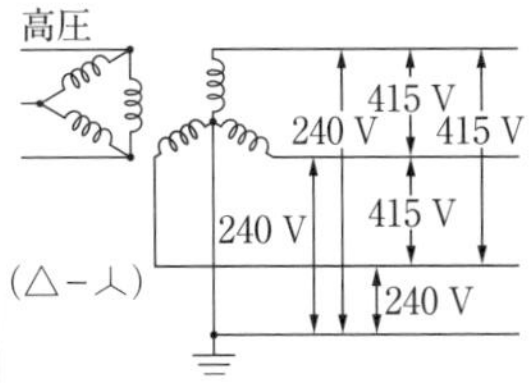 高圧　240 V 240 V 240 V 415 V 415 V 415 V 240 V　（△-入）	240 V

（注）※1．**電気設備技術基準の解釈**；当該電気設備に関する省令に定める技術的要件を満たすべき技術的内容を，具体的に示した安全確保に必要な最少限度の規制．

※2．**内線規程**；民間の自主規定として定められたもので，電気設備技術基準および解釈に規定してある事項および規定されていなくても，保安上必要と判断された需要場所の電気工作物の保安の確保を主目的とし，あわせて安全で便利な電気の使用に資することも目的としているもの．

23

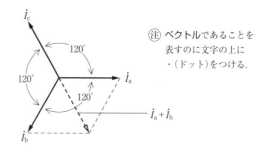

注 ベクトルであることを
表すのに文字の上に
・（ドット）をつける.

図11.2　三相交流のベクトル合成

A11

「三相４線式中性線」では，位相が120°ずつずれた三相交流の電流，電圧の瞬時値の和が０になるので，電流が流れない.

解説

Q8で取り上げた「三相の概念」で三相３線式をわかりやすく説明するため，図11.1の中性線に流れる電流が i_a, i_b, i_c の和なのになぜ０になるのか，という質問が読者の方から寄せられました.（Q8参照）

ここでは三相４線式の中性線に流れる電流について扱います.

1．三相とは？

三相３線式は，単相回路の三つの組合せから始まって，三相４線式になり，この中性線に電流が流れないため，これを取り去っても同じだから三相３線式になったという説明でした.

さて，「三相」とは三つの交流の大きさが等しく位相が120°ずつずれたものと勉強してきました.すなわち，図11.1で，どの瞬間でも各相 i_a, i_b, i_c を加えると０になります.

2．中性線に流れる電流は？

図11.1で①の点において，

$i_a = 10$〔A〕, $i_b = i_c = -5$〔A〕

ですから，三つの交流電流の和は，

$i_a + i_b + i_c = 10 + (-5) + (-5) = 0$

となります.

同様にして②の点においても，

$i_a + i_b + i_c = 5 + 5 + (-10) = 0$

となります.

すなわち，三相交流の電流，電圧の瞬時値の和は，どの点（どの時間＝どんなときも）でも０になります.

このことから，中性線には電流が流れないことが理解できたのではないでしょうか.

また三つの交流の瞬時値 i_a, i_b, i_c の実効値をそれぞれ I_a, I_b, I_c として I_a を基準にベクトル図を描くと図11.2になります.

まず $\dot{I}_a + \dot{I}_b$ を求めると $\dot{I}_c$ と大きさが等しく逆向きのベクトルになりますから，

$-(\dot{I}_a + \dot{I}_b) = \dot{I}_c$

∴ $\dot{I}_a + \dot{I}_b + \dot{I}_c = 0$

となります.

（瞬時値，実効値は Q3 参照）

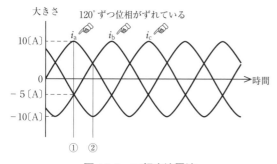

図11.1　三相交流電流

コラム4 三相4線式

三相4線式は，何に使用されるか？

●三相4線式の回路

三相4線式は，**電力会社**の新しい配電方式として20 kV級／400 V配電で需要家へ供給するもので，**400 V級**を配電電圧として普及拡大する試みで，一部の地域で導入されました．

また，**ビル**の受電設備から低圧にて照明・コンセントへ供給する方式として採用されてきました．

24ページにあるように，「中性線に電流が流れない」ということは，**図A**のとおりです．

●ビルの三相4線式低圧配線が使用されるのは？

ビルに使用される**三相4線式**は，変圧器2次側をY結線にして，中性線を用いる三相4線で配電する低圧配線です．

この方式には，**図B**（a）の**240/415 V**の外線と中性線間の240 Vに40 W，110 Wけい光灯等の単相負荷を接続し，415 Vから連絡変圧器を用いて100 Vを得てコンセントへ供給するものと，同図（b）の**100/173 V**の外線と中性線間の100 Vをコンセントに，各線間の173 Vに電圧フリータイプのけい光灯を接続するものがあります．

この方式における173 Vへは，もともと劇場やホテル等における**調光用電源**に使用されてきました．

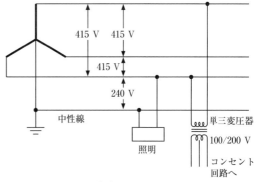

（a）　240/415 V

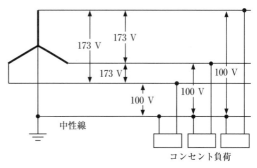

（b）　100/173 V

図B　三相4線式

●三相4線式のメリットは？

三相4線式は，劇場等の特殊用途を除くと，特別高圧受電から直接400 Vに降圧される場合に使用され，高圧変圧器や遮断器等を省略できるため，床面積，電気工事費の大幅な縮小となります．さらに，**三相4線式**は，同一電力を供給する場合，ほかの条件も同一とすると，**電圧降下**，**電力損失**もほかの方式に比べて一番小さくなります．

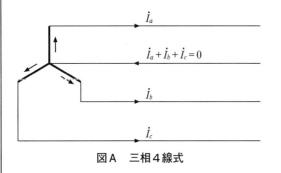

図A　三相4線式

25

コラム5 電気供給方式

読者から寄せられた質問①

本書の基礎編に関する電気供給方式のうち，**単相3線式**（以下「**単3**」という）および**三相4線式**について，多くの方から質問が寄せられたので紹介します．

質問

Q1 Q10中の写真10.1（ここでは**写真A**）の「住宅への配線」で，下の矢印で示した3本の配線が単3，その中の一番上の線をアース線として**共用**し，……と説明されていますが，この共用の意味がわかりません．

Q2 Q10中の図10.1（ここでは**図A**）の**単3**の**配線方式**について，次の2点について教えてください．

　1）単3の200 Vは，200 Vの電圧を100 Vずつに分けることですか？あるいは100 Vの線を2つ合わせて200 Vということですか？

　2）単3では，200 Vの電圧をなぜ100 Vずつに分けることができるのですか？

Q3 基礎編中のコラム4にある**三相4線式**の配線方式についての**図B**（a），（b）（コラム4，ここでは**図B**）の**線間電圧**がそれぞれ**415 V**，**173 V**と違います．この電圧の違いは，どのようにして作り出しているのでしょうか？

A1 **写真A**は，電力会社の配電柱に単3と低圧の動力線，すなわち**三相3線式**の配線の両方が施設されていることを示しています．しかし，

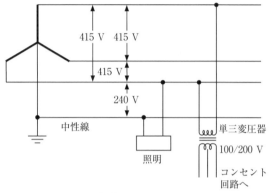

（a）　240/415 V

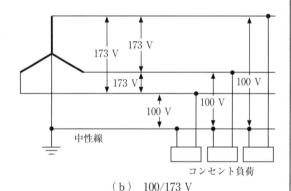

（b）　100/173 V

図B　三相4線式

写真A　住宅への配線

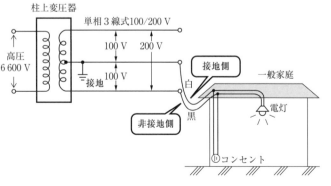

図A　単相3線式

26

単3も三相3線式もそれぞれ3本配線が必要なので，計6本の電線があるところ，5本しかありません．写真Aの下の矢印で囲んだ白丸の部分が単3の配線で，その一番上の電線，すなわち白丸の重なった部分を**アース線**として，両方の配線で**共用**しているという意味です．この2つの配線で**アース線**を共用しているのは，Q9中の図9.1（図Cを参照していただくと，高圧線の下の横引き2本が低圧動力線）の，低圧電灯線（単3）の一番上の電線を**アース線**として利用していることが理解できます．

A2 1）図Aでは，一般家庭や商店に引き込む単3を示しています．したがって，電力会社の配電柱に施設されている柱上変圧器によって，一次側の6600Vから二次側を200Vに低下し，かつ，二次側コイルの中央の点（中性点）を接地して，そこから中性線を出し，この中性線と外側の2本の線と合わせて3本で配線するのが単3です．したがって，この中性線と外側の両線間の電圧が100V，外側の両線どうしの間の電圧が200Vとなって2種類の電圧が取り出せます．

2）前述しましたとおり，二次側200Vのコイルの中点から中性線を取り出しているから100Vが作れます．

A3 図Bで取り上げた線間電圧415V，173Vの**三相4線式**は，**自家用受変電設備**で作られた電圧です．したがって，ユーザーの要求あるいは設計の考え方によって構内の配電電圧が決まり，2種類以上の電圧が必要な場合に**三相4線式**が採用され，そのような変圧器が採用されます．

図B（a）のケースは，電灯・動力を1台の変圧器で**共用**（以下灯動共用という），動力は415V，電灯は240Vの電圧です．コンセント類で必要な100Vは，さらにフロアーあるいは，EPS※1ごとに小変圧器を設置して，この変圧器（タイトランスという）によって100Vを得ています．

この240/415Vは，一例で230/400Vや60Hz地域では，254/440Vのような電圧も採用されています．しかし，電灯・動力を灯動共用変圧器から供給すると**イニシャルコスト**※2，スペースが増えたり，メンテナンス上からも最近では採用されるケースが少なくなってきています．

また，図B（b）のケースは，あくまでも単3と同様に使用された例でインバータけい光灯の採用によって**電圧フリーのけい光灯**に173Vを供給し，100Vはコンセント類に供給しています．こちらは，（a）とは違い，動力は別の変圧器となり，**共用していません**．

すなわち，自家用構内で三相4線式を採用するには，そのような電圧を作り出す仕様の**変圧器**の設置が必要になります．

（注）※1．**EPS**；Electric Pipe Spaceの略で電気配線シャフトと呼ばれている．

※2．**イニシャルコスト**；最初の費用，建設工事費のこと．

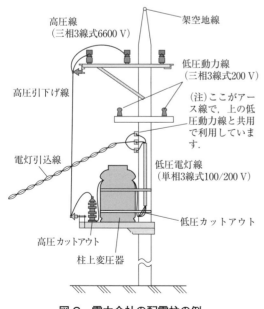

高圧線
（三相3線式6600V）

架空地線

低圧動力線
（三相3線式200V）

高圧引下げ線

（注）ここがアース線で，上の低圧動力線と共用で利用しています．

電灯引込線

低圧電灯線
（単相3線式100/200V）

低圧カットアウト

高圧カットアウト

柱上変圧器

図C 電力会社の配電柱の例

Q 12 絶縁抵抗と抵抗の違いは？

A 12

　「絶縁抵抗」は，「絶縁物」の抵抗であり，導体の抵抗と比べると非常に大きく，電圧を漏れ電流で除して求められる．

解説

　絶縁抵抗とただの抵抗の違い，さらに絶縁抵抗と漏電の関係を説明します．

1．導体と絶縁物

　物質には，電気をよく通す（電流を容易に流すことができるという意味）銀，銅，アルミニウム等の導体，あるいは導電体と言われるものと，ほとんど電気を通さない（電流が流れにくいという意味）ビニル，セラミックス，空気等の絶縁物およびその中間の性質を持つゲルマニウム，シリコン，セレン等の半導体があります．

2．絶縁物の役割

　絶縁物というのは，非常に電気を通しにくい物質であることから，電気絶縁材料として利用されます．これは，ビル，工場にある制御盤（写真12.1）内に使用される図12.1のような600Vビニル絶縁電線，通称IV線の被覆として電気の流れる導体を包んで必要以外の箇所に電気が漏れないよう，また，感電を防ぐ重要な役割を果たしています．

　また，ビルで工事や点検のための停電作業を行う場合には，素手で充電部に触れると電気が人体を流れ，感電災害を起こすので，ゴムやビニル等の絶縁物でできた絶縁用保護具（電気用ゴム手袋，電気用保護帽，電気用ゴム長靴等作業を行う者の身体に着用する感電防止用の保護具をいいます．）を確実に使用して，感電防止に努めなければなりません．

　このように，作業から身を守るための保護具の重要な役割を果たすのが絶縁物です（写真12.2）．

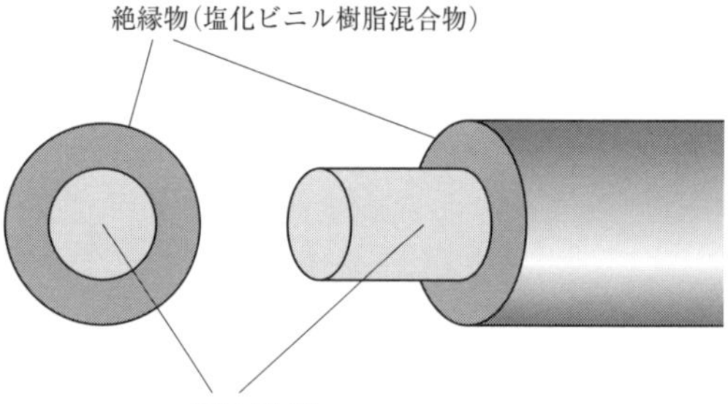

写真12.1　制御盤

（上部）漏電遮断器　（右）IV線

図12.1　電線（600Vビニル絶縁電線）

絶縁物（塩化ビニル樹脂混合物）

導体（軟銅）

3．絶縁抵抗と漏れ電流

　絶縁物の抵抗は，導体の抵抗に比べると非常に大きいので「絶縁抵抗」と呼び，1〔Ω〕（Q1参照）の100万倍のメグオーム〔MΩ〕という単位で表しています．

$$1〔MΩ〕= 1\,000\,000〔Ω〕 \qquad (12・1)$$

　また，絶縁物に電圧 V〔V〕を加えると，わずかですが表面や絶縁物内に電流 I〔A〕が流れます．

　これを「漏れ電流」といい，絶縁抵抗 R_g〔Ω〕は

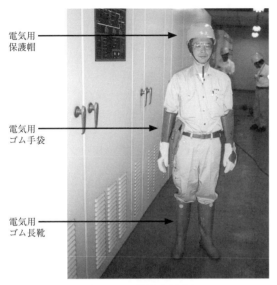

電気用
保護帽

電気用
ゴム手袋

電気用
ゴム長靴

写真 12.2　絶縁用保護具

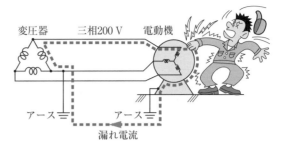

変圧器　　三相200 V　　電動機

アース　　　アース

漏れ電流

図 12.2　漏電と感電

4．絶縁抵抗と漏電

私たちは，以上の**漏れ電流**が流れている電気回路を「**漏電している**」とか，単に「**漏電**」と称しています．

この**漏電**が**電気火災**や**感電災害**を起こしますから，漏電しないように電気設備を管理していかなければなりません．

このためにビルでは，電気設備の定期点検を実施して電気回路の**絶縁抵抗**を測定しています．

すなわち，**漏電**は，**図 12.2** のように電気回路に接続された電動機等の機器が絶縁劣化を生じると，電気絶縁が電動機の外箱と内部巻線の間で破れて，絶縁抵抗が低下して外箱を通じてアースから大地に漏れ電流が流れ出る現象です．

このように，絶縁劣化を生じた機器は，**絶縁抵抗が低下して漏れ電流が大きくなります．**

さらに，**漏電**している機器に人が触れると人を通して**漏れ電流**が流れ，**感電**します．これを防止するものが**漏電遮断器**（写真 12.1 参照）で，**漏電**すると電気回路を遮断するので，安全です．

次の式で表すことができます．

$$絶縁抵抗\ R_\mathrm{g} = \frac{電圧}{漏れ電流} = \frac{V}{I}〔Ω〕\ (12・2)$$

この絶縁抵抗と漏れ電流の関係を，次の例題を通して理解しましょう．

例題 12.1　ビルにある冷温水発生機の冷却水ポンプは，三相 200〔V〕で絶縁抵抗値は，**技術基準**[※1]によると 0.2〔MΩ〕以上でなければならない．この場合の許される漏れ電流〔mA〕はいくらか．

■解答　公式（12・2）を変形して，

$$I = \frac{V}{R_\mathrm{g}} = \frac{200}{0.2 \times 1\,000\,000} = \frac{1}{1\,000}〔A〕$$
$$= 1〔mA〕$$

この値は，100〔V〕回路の絶縁抵抗値は，0.1〔MΩ〕以上ですから，100〔V〕回路で許される漏れ電流と同じになります．

このことから，電気設備の点検で実施する絶縁抵抗測定は，絶縁性能を判定できる**漏れ電流**の管理でもよいことを意味します．すなわち，低圧電路では 1〔mA〕以下の漏れ電流の管理をすれば**技術基準**で定める絶縁抵抗値の基準と同等以上の絶縁性能を有しているとみなすことができます．

（注）※1．**技術基準**；電気設備に関する技術基準を定める省令のことで，ビルの電気設備は，すべてこの技術基準どおり工事され，維持および運用していくことになる．

A13

「地絡」とは，大地に対する絶縁の異常低下であり，地絡電流が流れる現象を「漏電」という．

解説

現場で電気屋さんが使う「**地絡**」という用語は，「**漏電**」とどう違うのか？

また，「**接地**」というのは，この**地絡**，漏電とどんな関係にあるのかについて理解していただきます．

Q12の説明から，**絶縁抵抗**と**漏れ電流**の二つから**漏電**という概念が理解いただけましたでしょうか．

1．地絡と漏電

地絡とは，「低圧電路地絡保護指針[※1]（JEAG 8101）」によれば，「電路と大地間の絶縁が異常に低下し，アークまたは，導電性物質によって橋絡[※2]されたため，電路または，機器の外部に危険な電圧が現れたり，電流が流れる状態をいう．」と定義されています．

すなわち，**地絡**とは電気の通り道でない大地に対する絶縁の異常低下で，もっとわかりやすく説明すると，**図13.1**の a の状態で一種の事故現象です．そして，この電流のことを「**地絡電流**」と表現し，地絡電流が流れる現象を一般に漏電ともい

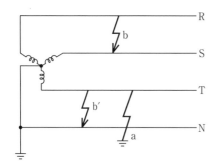

図 13.1　地絡の説明

いますから，**地絡**と**漏電**は同義語[※3]として扱っています．また，**地絡電流**も「漏れ電流」あるいは「**漏電電流**」と区別しないで扱っています．

2．短絡とは？

地絡と似た用語に「**短絡**」という用語があります．これは，一般に「**ショート**」と呼ばれるもので「電路の線間がインピーダンスの少ない状態で，故障または過失により接触した図13.1の b または b′ の状態をいう．」と定義されています．

この**短絡**も**地絡**と同様に一種の事故現象です．

3．接地とは？

接地とは，図13.2のように電動機等の金属ケースや電気工事に使う金属電線管（以下「金属管」という）等と大地を電線で電気的に接続することで，一般には「**アース**」といいます．

これは，電気回路が正常であれば，電動機等電気機器のケースや，金属管等の非充電金属部分には電圧はかかっていません．

ところが，電動機の巻線の焼損，絶縁電線やケーブル等の絶縁被覆が劣化したり，被覆に傷がついていると，電動機のケースや金属管に**地絡**して，この部分に電圧が現れます．

したがって，人がこの部分に触れると**地絡電流**が人体を通して大地に流れ，**感電**することになります．

このとき，電動機のケースや金属管を**接地**すれば**地絡電流**（漏れ電流）は大地に流れ，ケースや金属管の**接触電圧**[※4]を制限（低下）し，**感電防止**の役割を果たすことになります．

この接地をすることを「**接地工事**」といい，電気設備技術基準の解釈（**Q10**参照）によるとA，B，C，D種接地工事の4種類があります．（→ **Q14**）

このように，感電災害防止を目的とする接地は「**保護接地**」といい，電圧によってA，CまたはD種接地工事を行います．

さらに，高圧から低圧へ下げるビル，工場の変

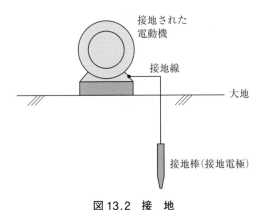

図13.2　接　地

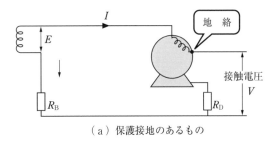

R_B：B種接地（系統接地）　　I：地絡電流
R_D：D種接地（保護接地）　　E：接触電圧

（a）保護接地のあるもの

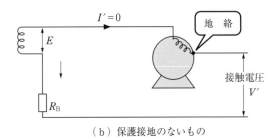

（b）保護接地のないもの

図13.3　地絡時の接触電圧の比較

電設備の変圧器や，街の柱上変圧器の低圧側の中性点，または一端子を大地と電線で電気的に接続することも接地といい，これは高圧と低圧の混触時に，高圧の電気が直接低圧に侵入しないようにする効果を持つものです．このように，電気機器の損傷を防止することを目的とする接地は「**系統接地**」といい，B種接地工事を行います．この系統接地は，**機能接地**であって，電源側接地となります．

４．接地と地絡の関係は？

以上の説明および**Q12**から，地絡が発生すると，人が充電金属部分に触れることによって，人体を通じて**地絡電流**が流れて**感電**します．

このような事故を防止することを，「**地絡保護**」といいます．

地絡保護には，**Q12**で述べた「**漏電遮断器**」および今回扱った**接地**があります．

すなわち，接地は地絡時に電動機のケース等に現れる危険な電圧（接触電圧）を低下させますから，**接地**と**地絡保護**は表裏の関係です（ここでいう接地は，保護接地です）．

では，保護接地があるものとないもので接触電圧の大きさがどう違うのか比較してみましょう．

図13.3（a）から，保護接地のあるものでは，式(1・2)のオームの法則（**Q1** 参照）から，

$$I = \frac{E}{R_B + R_D} \qquad (13 \cdot 1)$$

したがって，接触電圧 V は，

$$V = R_D I = \frac{R_D}{R_B + R_D} E \qquad (13 \cdot 2)$$

上式で，$R_B = R_D = 10 \,〔\Omega〕$，$E = 200 \,〔V〕$ とすると $V = 100 \,〔V〕$ となって，**接触電圧**は電源電圧の半分になります．ところが保護接地のない図13.3（b）では，**接触電圧** $V' = E = 200 \,〔V〕$ となり，人が触れると電源電圧がそのままかかって危険度が大きくなります．

(注)※１．**低圧電路地絡保護指針**；電気技術基準調査委員会が作成した電気技術指針で民間規格．

※２．**橋絡**；接続のこと．

※３．**同義語**；同じ意味のこと．

※４．**接触電圧**；地絡が生じている電気機械器具の金属製外箱等に人体が触れたとき，人体に加わる電圧をいう．

Q14 接地抵抗とは？

A14

　「接地抵抗」とは，接地電極と大地との間の抵抗のことで，この抵抗が低いほど電気が通りやすく大地との電気のつながりがよくなる．

解説

　前テーマで「接地」の意味と，この接地が地絡保護の一つであって，感電災害防止に役立つことが理解できました．

　ここでは，「接地工事」と「接地抵抗」にスポットを当て，また，各種接地工事に要求される**接地抵抗**の値にも触れます．

1．接地工事の方法は？

　接地とは，電気設備や通信設備等を大地に電気的に接続することですが，**接地の目的**には感電災害防止のために行う**保護接地**と電気機器損傷防止のために行う**機能接地（系統接地）**とがあります．

　それでは，**接地工事**はどうしたらいいのでしょうか．

　これには，大地に電気的端子を取り付けなければなりません．この電気的端子の役目をするのが**接地電極**あるいは**接地極**と呼ばれるもので，**導体**（Q12 参照）が使用されます．

　この**接地電極**には，図 14.1 のように接地板や接地棒があって，これをなるべく地中深く，水分を含んだ地中に埋設，または打ち込みます．

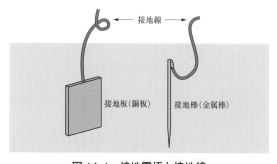

接地線

接地板（銅板）　　接地棒（金属棒）

図 14.1　接地電極と接地線

　また，Q13 の図 13.2 のように接地される電気機器と接地電極を結ぶ線を**接地線**と呼び，**接地電極**と**接地線**とは，ろう付け，そのほかの確実な方法で接続することが重要です．

2．接地抵抗って？

　接地抵抗とは，接地電極と大地との間の抵抗のことで，この抵抗が低いほど電気が通りやすく大地との電気のつながりがよくなります．

　接地される電気機器から**接地線**，**接地電極**を経て大地に流れ込む電流を**接地電流**といい，接地される電気機器が正常ならば，大きな**接地電流**は流れません．ところが，この電気機器の絶縁抵抗が低下して**漏電**が発生すると大きな**接地電流**が流れます．

　すなわち，**接地抵抗**とは接地における**接地電流**の流れにくさの目やすです．

　したがって，**接地抵抗**は次のように定義されます．

　図 14.2 のように一つの**接地電極**があって，これに**接地電流** I〔A〕が流れ込むと，**接地電極**の電位[※1]が周辺の大地に比べて V〔V〕だけ高くなります．

　このとき，V/I〔Ω〕をその**接地電極**の**接地抵抗**と定義します．

　接地抵抗は，一般の**電気抵抗**（単に「抵抗」と言うことが多い．）とはその性質が違い，多くの要因に支配される大地の**抵抗率**[※2]に大きく影響し，しかも絶えず変動しているので，理論的に定義することが難しい面もあります．

　一般に**接地抵抗**は，

（1）接地線の抵抗と接地電極の抵抗

（2）接地電極表面と大地との間の接触抵抗（Q16 参照）

（3）大地自身の電気抵抗

の三つから構成され，直列合成抵抗と考えてください．しかし，**接地抵抗**のほとんどは（3）の大地の**電気抵抗**で，大地の**抵抗率**は大地の電気の通

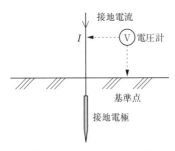

図 14.2　接地抵抗の定義

りにくさの目安です.

　したがって,接地抵抗は大地の抵抗率に比例し,大地の抵抗率が小さければ,接地抵抗は小さくなります.

3．接地抵抗の値ってどのくらい？

　接地工事は,電気設備技術基準の解釈（Q10 参照）によって,A〜D種の4種類あることを Q13 で知りました.

　A種接地工事は特別高圧または高圧の機械器具の鉄台・金属製外箱等に,B種接地工事は高圧または特別高圧電路と低圧電路とを結合する変圧器の低圧側の中性点または一端子に施すものです.

　さらに,C種接地工事は 300 V を超える低圧の機械器具の鉄台・金属製外箱等に,D種接地工事は 300 V 以下の低圧の機械器具・金属製外箱等に施します.

　なお,以上の接地工事の種類による接地抵抗の値を表 14.1 に示します.

4．接地抵抗は測れるの？

　接地抵抗を測る方法は,一般にはアーステスタと呼ばれる,「接地抵抗計」という測定器が使用されます.

　この測定器の原理は,電位降下法によるので電位差の測定値を通電電流で割って求めますが,自動的に測定器の中で実行されます.すなわち,接地抵抗値が直読できるようになっています.

　測定方法は,図 14.3 に示しますが被測定接地電極の測定用コードを接地抵抗計のE端子に,第1補助極（電圧電極）の測定用コードをP端子に,第2補助極（電流極）の測定用コードをC端子にそ

表 14.1　接地工事の種類と接地抵抗値

接地工事の種類	接地抵抗の値
A 種接地工事	10 Ω 以下
B 種接地工事	$\dfrac{150}{\text{高圧側の1線地絡電流}^{※3}}$ Ω 以下
C 種接地工事	10 Ω 以下
D 種接地工事	100 Ω 以下

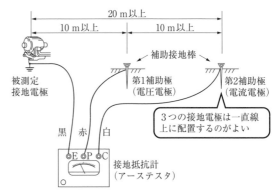

図 14.3　接地抵抗測定

拙著日刊工業新聞社刊「よくわかる電験合格指南シリーズ4」電験三種「法規」必修項目 Q＆A　P 65 図 21 から引用

れぞれ接続します.なお,接地電極は,直流を通じると分極作用[※4]による誤差があるため交流が使用されます.

　まず,接地抵抗計の切替レンジを電圧測定として地電圧がないことを確認します.次に,切替レンジを接地抵抗測定として測定ボタンを押しながら測定器の指針がゼロとなるようダイヤルを回転調整し,そのときのダイヤルに表示されている値から接地抵抗値が直読します.

（注）※1．電位；電気的位置のエネルギーの略語と考える.電位差＝電圧.
　　※2．抵抗率；物質に固有な定数で断面積 1 mm²,長さ 1 m の物質の抵抗.
　　※3．1線地絡電流；電力会社変電所で決定されるから配電線ごとに電力会社に問い合わせると教えてもらえる.
　　※4．分極作用；直流だと大地では反対向きの起電力が作用することにより起電力が小さくなる作用.

Q15

A15

「過電流」は，許容される電流よりも大きな電流が流れる現象で，「短絡」は，電流が電源から負荷へ行く途中で近道して流れる現象である．

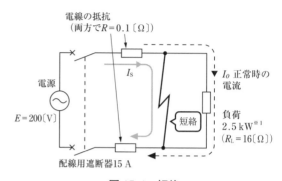

電線の抵抗
（両方で$R = 0.1$〔Ω〕）

電源

$E = 200$〔V〕

I_s

I_o 正常時の電流

短絡

負荷
2.5 kW[※1]
（$R_L = 16$〔Ω〕）

配線用遮断器15 A

図15.1　短絡

解説

ここまでで，電気の専門用語である地絡，漏電，接地，絶縁抵抗，接地抵抗，さらに接地工事が理解できたのではないでしょうか．（Q12 ～ 14 参照）

ここでは，「過電流」，「過負荷」，さらにはこれらと「短絡」との関係について説明します．

1．過電流と過負荷は同じ？

回路の定格容量を超えた負荷を接続，使用したり，電動機に過大な負荷がかかったときに回路や機器に許容された電流よりも大きな電流を**過負荷**，正式には**過負荷電流**といいます．

過電流というと過負荷電流と短絡電流の総称です．

しかし，一般には**過電流**と**過負荷**を厳密に区別せずに同義語として扱っています．

2．過電流と短絡の違い？

「短絡」とは，Q13で少し触れましたが一般に「ショート」と呼び，short circuit が語源ですから短い回路という意味です．

すなわち，**短絡**は，**図15.1**のように電流が電源から負荷へ行く途中で近道をして流れる現象のことです．

ここで，図15.1で**短絡**したときの電流の大きさI_sを計算してみましょう．ただし，計算を簡単にするために，リアクタンスを無視して抵抗だけで考えます．

電線の抵抗を全部で$R = 0.1$〔Ω〕とすると，オームの法則の式(1・2)から（Q1 参照），

$$I_s = \frac{E}{R} = \frac{200}{0.1} = 2\,000 \text{〔A〕}$$

また，正常時の電流I_o〔A〕は，次のように計算します．

合成抵抗[※2]R_o〔Ω〕は，電線の抵抗R〔Ω〕と負荷抵抗R_L〔Ω〕が直列ですから，

$$R_o = R + R_L = 0.1 + 16 = 16.1 \text{〔Ω〕}$$

したがって，求める電流I_o〔A〕は，式(1・2)から，

$$I_o = \frac{E}{R_o} = \frac{200}{16.1} \simeq 12.4 \text{〔A〕}$$

となりますから短絡したときの電流は非常に大きいことがわかります．

この例では，

$$\frac{I_s}{I_o} = \frac{2\,000}{12.4} \simeq 161 \text{ 倍にもなります．}$$

すなわち，**短絡**が発生すると**過電流**になります．しかし，回路の定格容量を超えた負荷，例えば図15.1で 4 kW の負荷を接続すると，式(2・2)から，

$$I = \frac{P}{E} = \frac{4\,000}{200} = 20 \text{〔A〕}$$

となり，配線用遮断器の定格電流（15〔A〕）を超えて**過電流**になりますが，**短絡**ではありません．

短絡は，事故現象ですが，このように使い過ぎの**過電流**は気をつければ防げます．

以上から，**短絡**すると**過電流**になりますが，**過電流**だからといって**短絡**とは限らないことが理解いただけたのではないでしょうか．

写真 15.1　配線用遮断器

3．過電流保護の必要性は？

過電流には，短絡電流のような大きな電流から**過負荷**のように定格電流を少し超えるような電流まであります．

しかし，**過電流**が長時間流れると，式(2·1)（**Q2**参照）から電流の2乗と時間に比例して電気エネルギーが熱に変わるため（**発熱作用**），電線が過熱し絶縁物の劣化を早めたり，あるいは電線の被覆の損傷，焼損，溶断を招く恐れがあります．

また，**短絡**が発生すると激しいアーク[※3]を発生して機器の損傷，焼損ばかりでなく，作業者へ火傷や感電災害を引き起こすこともあります．

したがって，これらの**過電流**による事故を防止するため短時間で直ちに遮断する「**過電流保護**」が必要となります．

4．過電流保護の方法は？

電気設備技術基準の解釈（**Q10**参照）によれば「**過電流遮断器**」がこれに該当します．この**過電流遮断器**とは，電路に**過電流**を生じたときに自動的に電路を遮断する装置です．

前記1．で説明したように，この**過電流**は，短絡電流と過負荷電流の両方を含みます．

では，具体的に**過電流遮断器**とは何かというと，

低圧[※4]電路ではヒューズ，配線用遮断器（ブレーカ，**写真 15.1**）および過負荷保護装置と短絡保護専用遮断器または短絡保護専用ヒューズを組み合わせた装置がこれに該当し，高圧および特別高圧の電路においてはヒューズおよび過電流継電器[※5]によって動作する遮断器[※6]がこれに該当します．

もっとわかりやすく言いますと，私たちの身近な低圧では，ヒューズとブレーカが**過電流保護**し，特に電動機の**過負荷保護装置**としては，ブレーカやサーマルリレー（**Q36**参照）等があります．

(注)※1．負荷容量から抵抗 R_L を算出するには，式(1·2)，(2·2)から，

$$R_L = \frac{V^2}{P} = \frac{200^2}{2\,500} = 16\,[\Omega]$$

※2．**合成抵抗**；抵抗が複数個あるときに単一の抵抗に換算することで，直列接続と並列接続では，その求め方が異なることに注意．

※3．**アーク**；空気がイオン化して電気が流れる状態でその温度は約3000℃といわれている．低圧のアークは空気の絶縁によって消失するが，高圧以上になると空気がイオン化して導体となりアークは消えない．これを切る目的のものが「遮断器」である．

※4．**低圧，高圧，特別高圧**；技術基準（**Q12**参照）によれば交流では600V以下が低圧，7000V以下が高圧，7000Vを超えるものが特別高圧と定義されている．

※5．**過電流継電器**；過負荷・短絡を検出して遮断器に開放信号を送るもの．

※6．**遮断器**；平常時の負荷電流のほか，事故時の電流を安全に遮断して電路や機器を保護するもの．なお，単に「遮断器」と表現するときは低圧のものを含めないことが多い．

写真 16.1　配線用遮断器内部点検（過熱痕跡の有無がわかる）

A16

「接触抵抗」とは，接触させた導体間の抵抗で，接触抵抗が大きくなると異常発熱が起こり，焼損を起こすことがある.

解説

接触抵抗が増加すると**発熱**します.

ここでは，この「接触抵抗」をテーマにして話を進めます.

1．接触抵抗とは？

接触抵抗とは，二つの導体を接触させた場合の両者間の抵抗をいいます.

開閉器の開閉部分がその典型的な例で，開閉する両接触子間の面積とその接触状態で，その**接触抵抗**が変化します.

すなわち，緩い接触や接触面の酸化[※1]によって**接触抵抗**は増加し，電流が流れると**発熱**します.

2．接触抵抗が大きいと？

開閉器の接触子間の接触抵抗 R〔Ω〕，電流 I〔A〕が t〔s〕間流れたとすると，ジュールの法則（**Q18** 参照）によってその接触子間には RI^2t〔J〕の発熱があります.

したがって，**接触抵抗** R〔Ω〕が大きいほど異常発熱して定格電流以下の通電中に**配線用遮断器**，いわゆるブレーカの場合なら**過電流**と同様の原理（発熱）でトリップ（引外し動作）してしまいます.

また，**接触抵抗**が大きいほど**異常発熱**となって接触子間につながる端子部絶縁物が過熱焼損するから非常に危険です.

3．接触抵抗増加を見分ける方法は？

開閉器，例えば配線用遮断器のある一極だけの**接触抵抗**が大きくなると，これに比例して**発熱**が大きくなるので，通電中に表面のモールドケースを手で触れると，その部分だけが**発熱**しているのでわかります.

また，**接触抵抗**が大きくなるとその部分の**電圧降下**も大きくなるので，ミリボルトレンジのあるディジタルテスタで開閉器の接点間の**電圧降下**を測定します. 測定の結果，ある極だけ異常に大きくないか比較するとわかります（測定法についてはコラム6参照）.

このように，**接触抵抗**増加による**異常発熱**が，手で触れたり，電圧降下の測定によって発見できたとき，端子ねじの緩みのときは増締めし，内部発熱のときは早めに停電して新品と交換します.

（注）※1　**酸化**：金属が化合物になるとき，その金属は酸化されたという. 水素を失うこと.

コラム6 極間電圧降下

配線用遮断器極間電圧降下測定法

●接触抵抗が大きくなると

開閉器類の接触子間の接触抵抗 R〔Ω〕は，ゼロであることが望ましい．

しかし，経年劣化により接触圧力の低下してくると，**接触抵抗 R〔Ω〕**はしだいに増加してきます．この接触子間に電流 I〔A〕が流れたとき，接触子間の**電圧降下 v〔V〕**は，

$$v = RI \text{〔V〕} \tag{1}$$

となり，**接触抵抗 R〔Ω〕**の増加とともに，式（1）の電圧降下 v〔V〕も大きくなり，負荷の必要とする電圧が得られないばかりか，**電圧のアンバランス**が生じることになります．

また，36 ページのように**異常発熱**することになります．

●配線用遮断器極間電圧降下測定法

接触抵抗の大きさを見分けるのに，式（1）により，**電圧降下**を測定すればよいことがわかります．

この測定法は，**図A**のように**ディジタルテスタ**の **mV** レンジで行います．

このほかに活線状態で過熱の判定ができる方法として放射温度計（『電気 Q&A 電気設備のトラブル事例』（オーム社）の Q60 参照）による測定法もあります．

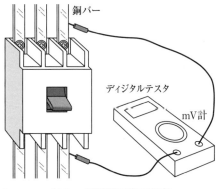

図A　極間電圧降下測定

なお，極間電圧降下の基準値として正式のものはありませんが，某メーカーの技術資料にあったものを参考までに**表A**に示します．

図Aの測定は，活線で行うため**危険**が伴いますので，必ず**経験者**と実施するようお願いします．

また，表Aはあくまでも参考にとどめ，**各相ごとにバランス**しているかを比較することも非常に参考になります．

表A　配線用遮断器一極当たりの電圧降下

フレームの大きさ	定格電流〔A〕	一極当たりの電圧降下〔mV/一極〕	
		交流用	直流用
30A	3	750 以下	900 以下
	5	500 〃	650 〃
	10	300 〃	350 〃
	15	250 〃	350 〃
	20	250 〃	300 〃
	30	200 〃	250 〃
50A	5	550 〃	550 〃
	10	400 〃	350 〃
	15・20	300 〃	300 〃
	30・40・50	250 〃	250 〃
100AF	15	350 〃	300 〃
	20	250 〃	250 〃
	30	250 〃	200 〃
	40・50・60	200 〃	200 〃
	75・100	200 〃	200 〃
225AF	75・100	200 〃	200 〃
	125・150	200 〃	200 〃
	175・200	200 〃	200 〃
	255	200 〃	200 〃
400AF	250・300	200 〃	150 〃
	350・400	200 〃	100 〃
600AF	350・400	250 〃	150 〃
	500・600	250 〃	150 〃
800AF	700	300 〃	100 〃
	800	300 〃	100 〃

出典：寺崎電機製作所技術資料

37

A17

　「電圧降下」とは，負荷の電圧が電源電圧より小さくなる現象であり，「電力損失」は電線を流れる電流による銅損によって電源の送れる電力が小さくなる損失である．

解説

　電線の太さを決める配線設計（**Q46**，**47**参照）や省エネルギーを検討する上で基礎となる**電圧降下**と**電力損失**について，配線方式（**Q8**，**9**参照）による違いにも触れながら解説していきます．

1．電圧降下とは？

　電灯等の負荷に電源電圧 E〔V〕を供給する場合，電線の抵抗 R〔Ω〕により電圧が降下して，負荷の端子電圧 V〔V〕は電源電圧より低くなります．

　図 17.1 から，

$$V = E - RI 〔V〕 \qquad (17・1)$$

　この抵抗による電圧の降下を**電圧降下**といい，この分だけ電源電圧より低下するので，電灯が暗くなったりする等，負荷によっては十分な性能を発揮できないことがあります．

2．配線方式による電圧降下は？

　電圧降下 e〔V〕は，負荷電流を I〔A〕，電線1条の抵抗を R〔Ω〕，K を配線方式により決まる定数とすると，次式で表されます．

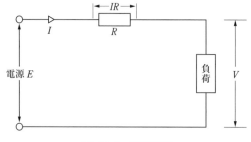

図 17.1　電圧降下

$$e = KIR 〔V〕 \qquad (17・2)$$

　ただし，単相2線式の場合　$K = 2$
　　　　　単相3線式の場合　$K = 1^{※1}$
　　　　　三相3線式の場合　$K = \sqrt{3}$

　では，この**電圧降下**を平成 11 年度午前の部に出題された第2種電気工事士の筆記試験の問題を通して理解しましょう．

例題 17.1　図 17.2 のように，こう長 15〔m〕の配線により，消費電力2〔kW〕の抵抗負荷に電力を供給した結果，負荷の両端の電圧は 100〔V〕であった．この配線の電圧降下〔V〕は．

　ただし，電線の電気抵抗は 3.3〔Ω/km〕とする．

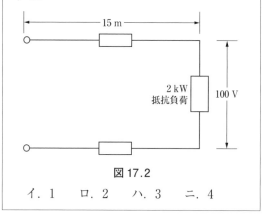

図 17.2

イ．1　　ロ．2　　ハ．3　　ニ．4

■**解答**　負荷に流れる電流 I〔A〕は，公式（2・2）から（**Q2** 参照），

$$I = \frac{P}{E} = \frac{2\,000}{100} = 20 〔A〕$$

こう長 15 m の電線の抵抗 R〔Ω〕は，

$$R = 3.3 \times \frac{15}{1\,000} 〔Ω〕$$

したがって，求める**電圧降下** e〔V〕は，単相2線式だから公式（17・2）で $K = 2$ として，

$$e = KIR = 2 \times 20 \times 3.3 \times \frac{15}{1\,000}$$

$$= 1.98 〔V〕 \simeq 2 〔V〕 \qquad \text{正解　ロ．}$$

3．電圧降下の計算は抵抗分だけでよいのか？

屋内配線では，リアクタンス分が抵抗分に比較すると非常に小さいので，前述のようにこれを無視して考えて，**電圧降下**の計算は，式 (17・2) のように抵抗分だけで考えています．

ところが送電線や配電線では，リアクタンスを無視できませんので，次のような考え方で**電圧降下**を計算します．

三相3線式は，一相当たりで考えますので，その等価回路は図 17.3 のようで，送電電圧 E_S〔V〕，受電電圧を E_R〔V〕，電線1条当たりの抵抗，リアクタンスをそれぞれ R〔Ω〕，X〔Ω〕，負荷電流を I〔A〕，位相角を θ とすれば，図 (b) のベクトル図が描けます．このベクトル図にピタゴラスの定理（**Q1** 参照）を適用して，

$$E_S = \sqrt{(E_R + IR\cos\theta + IX\sin\theta)^2 + (IX\cos\theta - IR\sin\theta)^2}$$

この式において $\sqrt{}$ の中の $(IX\cos\theta - IR\sin\theta)$ は，第1項に比べて非常に小さく無視できると考えると，略算式として次の式が成立します．

$$E_S \fallingdotseq E_R + IR\cos\theta + IX\sin\theta \quad (17\cdot3)$$

となり，$V_S,\ V_R$ をそれぞれの線間電圧〔V〕とすれば，**電圧降下** v は一般に次式で表すことができます．

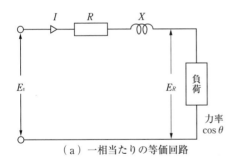

（a）一相当たりの等価回路

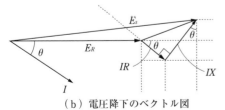

（b）電圧降下のベクトル図

図 17.3

$$v = V_S - V_R$$
$$= \sqrt{3}\,I\,(R\cos\theta + X\sin\theta)\,\text{〔V〕} \quad (17\cdot4)$$

4．電力損失と配線方式について

配線中の**電力損失**は，電線を流れる電流による銅損が主なもので，銅損は電流の2乗と抵抗に比例するので，電流を減らすか，抵抗を減らすことが**電力損失**を減らす対策になります．

ここで，配線中の**電力損失** P_l〔W〕は，電線1条の抵抗を r〔Ω〕，電流を I〔A〕，K を配線方式で決まる定数とすると次式で表されます．

$$P_l = KI^2 r\,\text{〔W〕} \quad (17\cdot5)$$

ただし，単相2線式の場合　$K = 2$
　　　　単相3線式の場合　$K = 2$（平衡負荷）
　　　　三相3線式の場合　$K = 3$

この「**電力損失**」についても，過去に出題された第2種電気工事士筆記試験の問題を通して理解を深めましょう．

例題 17.2　図 17.4 のような三相交流回路において電線1線当たりの抵抗が r〔Ω〕，線電流が I〔A〕のとき，この電線路の電力損失 W を示す式は.

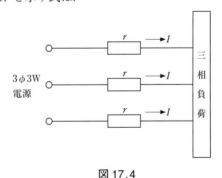

図 17.4

イ．$3I^2 r$　ロ．$3Ir^2$　ハ．$\sqrt{3}\,I^2 r$　ニ．$\sqrt{3}\,Ir$

■**解答**　ハ．を選びそうになりますがイ．が正解となります．　　　　　**正解　イ．**

(注)※1．単相3線式の電圧降下は，平衡負荷の場合を考え，中性線と電圧側電線間を示すものと決められている．

基礎編

A18

　「電流の発熱作用」とは，抵抗に電流が流れたときの熱の発生（ジュールの法則）で，「電流の磁気作用」とは，導体に電流が流れたときの磁界の発生（アンペア右ねじの法則）である．

解説

　電流の働きには，いろいろあります．それは**発熱作用，磁気作用，化学作用，放電作用**等で　Q18 と Q19 で，この電流の働きを扱います．

1．電流の発熱作用とは？

　抵抗に電圧を加えて電流を流すと，**発熱作用**があります．

　このことは Q2 でも触れたように，電流 I〔A〕が抵抗 R〔Ω〕を t 秒間流れると発生する熱 Q〔J〕は，

$$Q = RI^2t 〔J〕 \tag{18・1}$$

これは，「**ジュールの法則**」と呼ばれ，抵抗の両端の電圧を E〔V〕とすれば**オームの法則**（Q1 参照）と式（2・2）から，

$$Q = RI^2t = RI \cdot It = E \cdot It 〔J〕$$
$$= Pt 〔W \cdot s〕 \tag{18・2}$$

すなわち，**電気エネルギー**（EIt）が**熱エネルギー**（RI^2t）に変わったと考えます．

　また，**電気エネルギーは電力量**で，これが発熱という仕事をしたわけで，単位時間当たりの**電気**

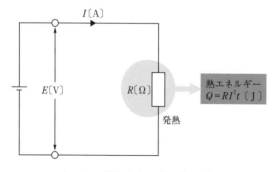

図 18.1　抵抗による熱エネルギー

エネルギーが**ワット**〔W〕=**電力** P なのです．

　この「**ジュールの法則**」を，次の例題を通して理解を深めましょう．

例題 18.1　定格電圧 100〔V〕，定格消費電力 300〔W〕の電熱器を 110〔V〕で 1 時間使用したときの発熱量〔kJ〕は，およそいくらか．
　ただし，電熱器の抵抗値を一定とする．
　イ．1 090　ロ．1 170　ハ．1 255　ニ．1 300

■**解答**　消費電力は，110〔V〕の電圧で使用すると，抵抗値が変わらなければ，電圧の 2 乗に比例するから，

$$300 \times \left(\frac{110}{100}\right)^2 = 363 〔W〕$$

これを 1 時間使用したときの熱エネルギー Q〔J〕は，式（18・2）から，

$$Q = 363 \times 60 \times 60 〔J〕$$
$$= 363 \times 3.6 \times 10^3 \times 10^{-3} 〔kJ〕$$
$$≒ 1 307 〔kJ〕 ≃ 1 300 〔kJ〕$$

正解　ニ．

2．磁気作用とは？

磁気作用は，次のようなものです．
1）導体に電流が流れると，その回りに磁界ができる．（**アンペアの右ねじの法則**）
2）磁界の空間に電流が流れている導体があると，その導体に力が働く．（**電動機**）
3）磁界の空間で導体が移動すると，導体に起電力が発生する．（**発電機**）
4）電線を巻いたコイル内の磁束が変化すると，コイルに起電力が発生する．（**変圧器**）

3．磁石の性質と電流の作る磁界とは？

　磁石は，北を指す N 極と南を指す S 極の二つの**磁極**からできていて，N 極と S 極には吸引力，N極と N 極には反発力が働く性質があります．
　また，磁石には**図 18.2** のように**磁力線**という

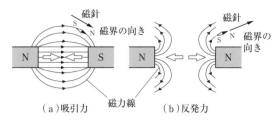

図 18.2　磁石の性質

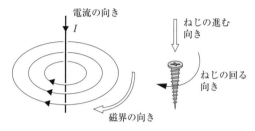

図 18.3　電流の作る磁界

仮想的な線を考え，N極から出てS極に入ります．

　さらに，磁力線の接線が**磁界**の向きを表し，磁力線の密度が**磁界**の大きさを表します．

　電流の作る磁界において，電流の流れる向きと磁界の向きとの関係は，右ねじが進む向きと右ねじの回る向きとの関係と同じです．これを「**アンペアの右ねじの法則**」といいます．（**図 18.3** 参照）

4．電磁力とは？

　図 18.4 のように磁石の間に導体を置き，図示の方向に電流 I〔A〕を流すと，導体には**電磁力** F が働いて右方向に動きます．

　この電磁力を応用したものが**電動機**で，電磁力の向きは，電流の向きと磁界の向きとの間に「**フレミングの左手の法則**」が適用されます（**図 18.5**）．

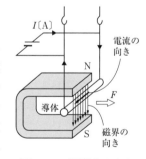

図 18.4　電磁力の向き

5．電磁誘導とは？

　図 18.6 のように，コイル内の磁力線が変化したり，磁界中で導体を動かすと，コイルや導体に起電力が発生して電流が流れる現象を「**電磁誘導**」といい，電磁誘導によって生じる起電力を「**誘導**

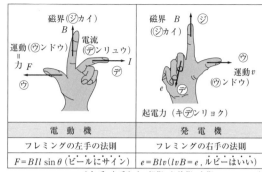

電　動　機	発　電　機
フレミングの左手の法則	フレミングの右手の法則
$F = BIl \sin\theta$（ビールにサイン）	$e = Blv$（$lvB = e$，ルビーはいい）

（左手，右手とも　親指，人差し指，中指の順に㋒㋛㋜と覚えれば絶対に忘れないぞ！）
拙著　電験三種理論必修項目Q＆A第2版から引用

図 18.5　フレミングの左手，右手の法則

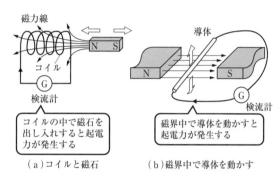

（a）コイルと磁石　　（b）磁界中で導体を動かす

図 18.6　誘導起電力

起電力」といいます．

　この誘導起電力の方向は，「**フレミングの右手の法則**」に従います．

　なお，**発電機**は，電磁誘導の利用です．

6．変圧器の原理は？

　変圧器は，**図 18.7** のように鉄心に一次コイル，二次コイルが巻かれ，一次コイルに交流電圧 V_1 を加えると，電流が流れ鉄心の中に磁束ができます．

　しかし，交流のため磁束が変化するので，**電磁誘導**によって二次コイルに**誘導起電力**が発生します．

　これが**変圧器**の原理で，一次コイル，二次コイルの巻数の比で二次電圧 V_2 の大きさを変えられます．

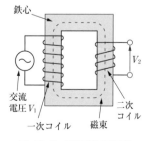

図 18.7　変圧器の原理

読者から寄せられた質問②

本書の**Q18**中の**電流の磁気作用**に関連した電磁石の質問が寄せられました．非常に興味をひかれる内容ですので紹介します．

質問

Q1 電磁石が，右ねじの法則で説明されることは理解できますが，交流電磁石の場合，常に電流の向きが変わるので，吸引力は無くなるのではないでしょうか？

予備知識

1．右ねじの法則とは？

十分に長い直線状の導線を流れる電流の周りには，電流に垂直な面内に電流を中心とする同心円状の磁界ができます．**図A**のように磁界の向きは，電流の向きに右ねじを進める（締まる方向）とき，右ねじを回す向きに一致します．これが**右ねじの法則**です．あるいは，電流の向きに右手の親指を立てたとき，ほかの4本の指を握ったときの指先の向きが磁界の向きであるとも表現します．なお，**右ねじの法則**というのは略称で正式名は，**アンペアの右ねじの法則**といいます．

2．直流電磁石とは？

「**図B**のようにコイルの中に鉄心を入れて直流電流を流すと，**右ねじの法則**により磁界がで

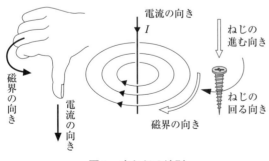

図A 右ねじの法則

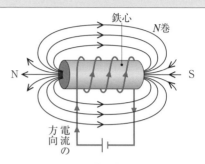

図B 直流電磁石

きて，鉄心は磁化されて磁石になります．これが**直流電磁石**です．これは，電線が一巻きのときより，鉄心に何回か（ここでは N 巻きと仮定します）巻くとコイルによる磁界が合成されて磁界が強くなり，磁力線が鉄心の端から端まで貫いています．ちょうど**棒磁石**の作る磁界と同様に，磁力線の出口側がN極，入口側がS極になります．

また，鉄心の中を貫く磁力線の多さ，すなわち磁力線の集まりを**磁束**といいますが，この磁束を作る力を**起磁力**といい，起磁力 AT はコイルの巻数 N と電流 I〔A〕の積で表します．

$$AT = NI〔A〕 \quad\cdots\cdots\cdots\cdots\cdots\cdots(1)$$

3．磁石の吸引力は？

図Cのような電磁石の吸引力 F〔N〕を求めてみましょう．この電磁石の起磁力 NI〔A〕によって生じる磁束密度を B〔T〕とすると，漏れ磁束がないものとすると，ギャップ δ の部分を含め，どこでも磁束密度は一定です．断面積を S〔m²〕とすると，**吸引力** F〔N〕は，次式のようになります．

$$F = \frac{B^2}{2\mu_0}S〔N〕 \quad\cdots\cdots\cdots\cdots\cdots\cdots(2)$$

ただし，磁束密度 $B = \dfrac{\phi}{S}$〔T〕 $\cdots\cdots(3)$

ϕ：磁束〔Wb〕

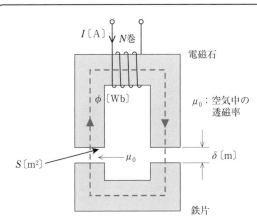

図C　電磁石の吸引力

A1

1．交流電磁石の場合は？

式（2）により，吸引力 F は磁束密度 B の2乗に比例します．磁束密度 B と磁束 ϕ の関係式（3）によって，吸引力 F は磁束の2乗に比例することになります．これを図示したものが**図D**です．交番磁束によって吸引力は0になることがあります．

したがって，**交流電磁石**では，鉄片を吸い付けたり離れたりする現象が起きるので，うなりを発生しバタツキがあります．しかし，実際の**交流電磁石**では，このような現象は起きません．それが次に説明する「**くま取りコイル**」です．

2．くま取りコイルとは？

図Eのように電磁石の接触面に切り込みを設け，その溝に銅または黄銅のリングが埋め込まれています．これが**くま取りコイル**と呼ばれ，一種の**短絡環**です．すなわち，**くま取りコイル**の磁束 ϕ_2 は，主磁束 ϕ_1 と位相の異なる磁束が発生します（**図F**）．

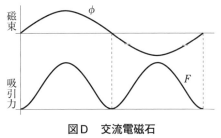

図D　交流電磁石

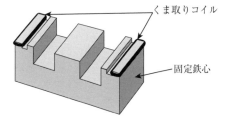

図E　くま取りコイル

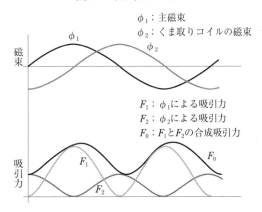

図F　くま取りコイルのある交流電磁石

3．脈動の小さい吸引力が得られる？

くま取りコイルは短絡環ですから，変圧器の原理と同様にこれを二次側と考えると，電磁誘導作用によって電圧を誘起し，電流が流れます．

この**くま取りコイル**にできる磁束は，主磁束 ϕ_1 より90°位相が遅れ，吸引力 F_2 も主磁束 ϕ_1 による吸引力 F_1 より位相が90°ずれます．

このため，F_1 と F_2 を合成した吸引力 F_0 は，図Fのように0になる瞬間がなくなるため，**脈動力の小さい吸引力**が得られ，うなりも小さくなります．よって，交流電磁石の吸引力は0になるときがありません．

おまけの話▶電磁石の吸引力は温度の影響を受けるか？受けないか？

温度の影響を受けます．コイルに電流を流すと，コイルの抵抗 R は，時間の経過とともに増加します．したがって，オームの法則により**電流 I が減少**します．磁束 ϕ は起磁力 NI に比例するので，式（2），（3）により**吸引力 F も減少**します．

43

Q19 電流の化学作用と放電作用とは？

A19

「電流の化学作用」とは，ファラデーの法則に従い，「放電作用」とは，ガスの入った真空放電管に電圧をかけていくと電流が流れて発光する現象である．

解説

ここでは，電流の働きのうち化学作用と放電作用を扱います．

1．電流の化学作用とは？

電流の化学作用の代表的なものに，電気分解と電池があります．これらの共通点は，電流が流れて電気分解を起こす電解液の中で行われ，それは，「電気分解に関するファラデーの法則」に従うことが知られています．

2．電気分解と電池の違いとは？

電気分解は，電解液の中の二つの電極に電流を流すと電極表面にそれぞれ化学変化が起きる現象です．例えば，塩酸の場合，塩化水素が水に溶けているから水素イオンは陰極から電子を受け取って水素分子になり，塩化物イオンは陽極に電子を与えて塩素分子になります．このように，電気分解のときの電子の流れをまとめると図19.1のよ

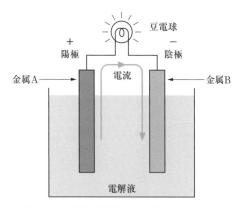

図19.2　化学電池（イオン化傾向A＜B）

うになり，電解液の中を電流が陽極から陰極へと流れます．

一方，電池とは，化学変化によるエネルギーを電気エネルギーに変換して取り出す装置です．

これは，図19.2のように電解液の中に異なる種類の金属を入れて，これらを電極にして回路をつくると電流が流れるので，電池ができるわけです．

これは，電解液中のイオン[※1]と2種類の金属との間の化学変化によって電子の流れができたのです．

すなわち，電気分解は外部から電流を流した化学変化ですが，電池は化学変化によって外部に電気を取り出す逆の現象です．

3．放電作用とは？

電極を有するガラス管（放電管）を十分排気し，水銀柱に数ミリのガスを封入して電圧を加え，電圧を徐々に上げていき，ある値に達すると電流が流れると同時に管内のガスが発光します．この現象を放電作用といい，グロー放電とアーク放電があります．水銀ランプやけい光ランプは，後者を応用したものです．

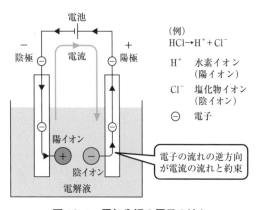

(例)
$HCl \rightarrow H^+ + Cl^-$

H^+　水素イオン（陽イオン）

Cl^-　塩化物イオン（陰イオン）

$\ominus$　電子

陽イオン
陰イオン
電解液

電子の流れの逆方向が電流の流れと約束

図19.1　電気分解の電子の流れ

(注)※1　イオン；電気を帯びた原子または原子団のこと．電解液はイオンの移動によって電気が流れる．

44

コラム 8 電流の化学作用の法則

電気分解に関するファラデーの法則

●電気分解に関するファラデーの法則とは？

物質量と電気量との関係を表すもので，次の2つの法則からなります.

---

① 析出する物質の量は，これに通じる**電気量**〔C〕（電流〔A〕×時間〔s〕）に比例する.

② 1グラム当量の物質を析出するのに必要な電気量は，物質の種類に関係なく一定で，1ファラデーである.

●ファラデーの法則を式で表すと，

析出する物質の量を w〔g〕，電気量を Q〔C〕，**電気化学当量**を k〔g/C〕とすれば，次のように表されます.

$$w = kQ \quad \text{〔g〕} \tag{1}$$

なお，電気量 Q〔C〕は，電流を I〔A〕，電流を流した時間を t〔s〕とすれば，（**Q20** 参照）

$$Q = It \quad \text{〔C〕} \tag{2}$$

になるから，式（2）を式（1）に代入して，

$$w = kIt \quad \text{〔g〕} \tag{3}$$

例えば，硝酸銀溶液に直流電流 25 A を1時間流したとき，析出する銀の量〔g〕は，銀の原子量 108，銀の原子価が1であるから，銀の1グラム当量は，108 g です.

ファラデーの法則により，これに要する電気量が1ファラデーで，1ファラデーは 27 Ah ですから，

$$108 \times \frac{25}{27} = 100 \text{ g となります.}$$

●1ファラデーがなぜ 27Ah なの？

$$
\begin{aligned}
1 \text{ファラデー} &= 96\,500 \text{〔C〕} \\
&= 96\,500 \text{〔A·s〕} \\
&= 96\,500 \text{〔A·} \frac{1}{3\,600} \text{h〕}
\end{aligned}
$$

$$
\begin{aligned}
&= 96\,500 \times \frac{1}{3\,600} \text{〔Ah〕} \\
&\fallingdotseq 27 \text{〔Ah〕}
\end{aligned}
$$

●知っておきたい化学の知識は？

以上の「**電気分解に関するファラデーの法則**」を理解するには，最低限の**化学の知識**が必要です.

いまさら，高校の「化学」の教科書を見なくても，以下の3つだけ理解してください.

① **当量** 化学当量とも言われ，ある元素の原子価1つ当たりの量

すなわち，$$当量 = \frac{原子量}{原子価} \tag{4}$$

したがって，水素の当量 $= \dfrac{1}{1} = 1$

$$酸素の当量 = \frac{16}{2} = 8$$

② **1グラム当量** 当量にグラムをつけた量

③ **電気化学当量** 1〔C〕の電気量で析出される物質の g 数

1ファラデーは，1 g 当量の物質を析出させるのに要する**電気量**ですから，

$$
\begin{aligned}
電気化学当量 &= \frac{1 \text{グラム当量〔g〕}}{96\,500 \text{〔C〕}} \\
&= \frac{1 \text{グラム当量〔g〕}}{27 \text{〔Ah〕}}
\end{aligned} \tag{5}
$$

A20

「動く電気」とは，電子の流れの逆向きを正としたときに＋の電気が動くと考え，「動かない電気」とは帯電した電気で静電気と呼ばれる.

解説

本書で扱ってきた電気は，電流の流れであって，これはQ19で勉強したように電子の流れの逆方向と約束した「動く電気」です.

一方，「動かない電気」の正体とは？

ここでは，動く電気と動かない電気を比較することによって電気の本質にズームインします.

1．動く電気って何？

直流や交流は，電流が流れてその役目を果たしてきました.

したがって，電気が流れている，つまり図20.1のように電流が電池の＋極から－極に向かって連続して流れるから，電球が点灯し続けるわけです.

しかし，導体（Q12参照）の電流の担い手（キャリア[※1]）は－の電気をもった電子[※2]で，この電子は電池の－極から＋極へ移動します.

すなわち，－の電気が動いて（電子の流れ）電気が流れますが，電流は＋の電気が流れると考えた

方が実務面で便利なので，＋の電気が動くと考えることにします．これが"動く電気"の正体です.

2．動かない電気って何？

ガラス棒を絹布でこすると，絶縁物（Q12参照）ですが電気を帯びます.

このように，摩擦で起きる電気を**摩擦電気**といい，物体が電気を帯びることを**帯電**といいます.

また，摩擦電気のように物体が帯電した電気は，静止していますので「**静電気**」と呼んでいます.これが動かない電気です.

ここで帯電した電気のことを特に「**電荷**」と呼んでいます.

3．電気量と電流の関係は？

帯電した電気（電荷）の量を「**電気量**」といい，記号は Q，単位はクーロン（C）で表します.

また，「電流」は電子の流れですが電荷の流れとも表現できます.

したがって，電流は電気量の移動ですから1クーロンは電流の単位アンペアで

1 C ＝ 1 A の電流が1 s 間に運ぶ電気量＝ 1 〔A・s〕と定められています.

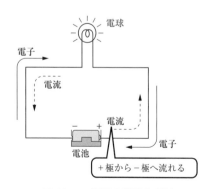

図20.1 電子の移動と電流

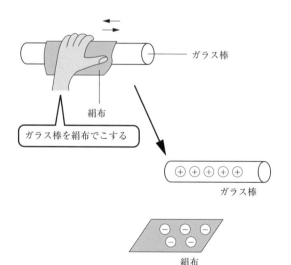

図20.2 摩擦による帯電

いま，t秒間にI〔A〕の電流が流れるとき，電気量Q〔C〕は，

$$Q = It 〔C〕 \qquad (20・1)$$

4．コンデンサって何？

　図20.3のように，絶縁物（ここでは空気）をはさんだ2枚の金属板（導体）は，電荷を蓄える装置で「コンデンサ」といいます．（写真20.1）

　これは**静電気**の入れものと考えることができます．すなわち，コンデンサに蓄えられる電気量Q〔C〕は，電圧V〔V〕に比例しますので

$$Q = CV 〔C〕 \qquad (20・2)$$

　ここで，Cは比例定数で**静電容量（キャパシティ）**と呼び，電荷を蓄える能力を示します．

　式(20・2)から**静電容量**の単位はC／V（クーロン毎ボルト）になることがわかりますが，これを**ファラド(記号F)**といいます．

　以上のように，電荷を蓄えることを「**充電**」といいます（図20.3（a））．一方，充電されたコンデンサを同図（b）のように電球を通して導線で結ぶと，わずかな時間だけ電流が流れて電球が一瞬点灯します．このように電荷が失われることを「**放電**」といいます．

　コンデンサは，直流電圧を加えても電気を通さない（電流が流れない）と，**Q6**では説明しましたが，以上の説明と**図20.4**から，充電が終わると電流が止まるというのが正しい表現になります．

　もちろん，交流の場合は，電流は流れ続けます．

5．静電気の応用

　静電気の応用としては，電子コピー，静電塗装，電気集じん装置等多方面に利用されています．こ

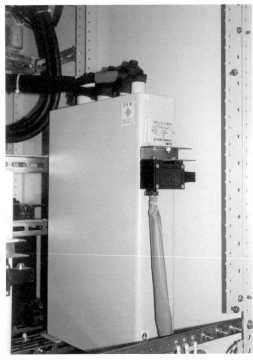

写真20.1　低圧コンデンサ

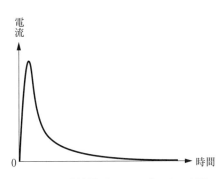

図20.4　直流電圧のコンデンサの充電

れらの応用装置の共通点は，電源が直流ということです．

（注）※1．**キャリア**；物質の中を自由に移動できる電流の元になる電荷を帯びた粒子のことで，金属では**自由電子**，電解液では**イオン**がキャリアに該当する．

　　　※2．**電子**；自由電子のことで，自由電子の多い物質ほど電気をよく伝えるので**導体**，自由電子の少ない物質は，電気をほとんど伝えないので**絶縁物**になる．

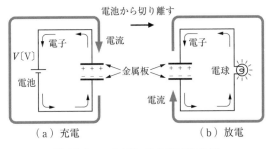

（a）充電　　　　　　（b）放電
図20.3　コンデンサの充電と放電

47

Q21 三相電力から電流を計算するには？

A21

三相電力は，線間電圧と線電流の積を√3倍したものであり，負荷がY結線、△結線に関係なく，P＝√3 VI cos θ〔W〕で算出できる．

解説

三相負荷の電力は，どんな式で計算できるのでしょうか？また，三相電力がわかっているとき，流れる電流を計算で求めることができるのでしょうか．

ここでは，三相電力をテーマに解説します．

1．Y結線，△結線は，どのように使われているか？

三相負荷の代表は，電動機，正式には三相誘導電動機，いわゆるモータです．

このモータの結線は，ある容量未満ではたいていY結線，それ以上の容量では，△結線が使われています．

例えば，5.5 kW 以上では△結線です．

これは，決まりごとではなく，Y，△結線どちらかに優位性があるわけでもありませんので，5.5 kW 未満のモータでも△結線のケースもあります．

なお，モータの構造は，三相巻線を施して回転磁界を作るための固定子と，電磁力（Q18 参照）によってトルクを得て回転する回転子から構成されます．（写真 21.1 参照）

また，発電機の固定子巻線は，一般にY結線が使われます．

この理由は，各相の第3高調波（Q30 参照）の位相が等しく，各相の電圧が反対方向に接続されることから相互に打ち消されて，線間に第3高調波が現われないことと，中性点接地が可能なため，巻線の対地絶縁が容易なこと等です．

写真 21.1　モータ内部
（指でさしているのが固定子巻線，矢印が回転子）

2．三相電力はどんな式？

三相は，三つの単相を組み合わせたものであることを Q8 で勉強しました．

また，単相の電力は，式（3・2）から，

$$p = EI \cos \theta \ \text{〔W〕}$$

三相電力 P〔W〕は，これを3倍すればよいので，

$$P = 3p = 3EI \cos \theta \ \text{〔W〕} \qquad (21・1)$$

ところが Q8 のY，△結線の相電圧と線間電圧および相電流と線電流の関係式（8・1），（8・2）から，次のようになります．（図 21.1, 21.2 参照）

Y結線　　$V = \sqrt{3} E, \ I_l = I$

△結線　　$V = E, \ I_l = \sqrt{3} I$

それぞれを式（21・1）に代入すると，同じ結果となり，三相電力 P〔W〕は，

$$P = \sqrt{3} \ VI_l \cos \theta \ \text{〔W〕} \qquad (21・2)$$

ただし，V：線間電圧〔V〕，I_l：線電流〔A〕

すなわち，三相電力の計算は，負荷がY結線，△結線に関係なく，式（21・2）で算出できることがわかりました．

3．三相電力〔kW〕から電流〔A〕をどのように計算する？

式（21・2）から，

$$I_l = \frac{P}{\sqrt{3} \ V \cos \theta} \text{〔A〕} \qquad (21・3)$$

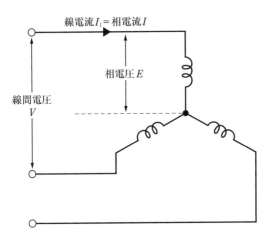

図 21.1　Ｙ結線の電圧と電流

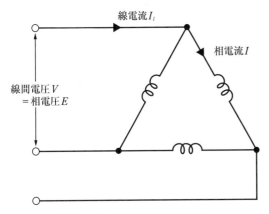

図 21.2　△結線の電圧と電流

では，実際に 200 V，5.5 kW のモータの全負荷電流を計算してみましょう．なお，力率 $\cos\theta$ を 0.8 と仮定すると，式 (21・3) から，

$$I_l = \frac{5.5\times10^3}{\sqrt{3}\times200\times0.8} = 19.8 \,〔A〕$$

ところが 5.5 kW モータは，100 % 負荷の場合に流れる電流は，約 23 〔A〕です．

なぜ，計算式では少なく算出されたのでしょうか？

これは，**入力**と**出力**を混同しているからで，その関係を表すものに効率があります．

$$効率 \ \eta = \frac{出力}{入力}\times100 = \frac{P'}{P}\times100$$

$$= \frac{P'}{\sqrt{3}\,VI_l\cos\theta}\times100 \,〔\%〕 \quad(21・4)$$

これをもう少しすっきり表すと**図 21.3** のよう

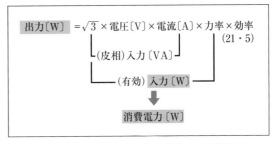

$$出力〔W〕 = \sqrt{3}\times電圧〔V〕\times電流〔A〕\times力率\times効率$$
$$\underbrace{\qquad\qquad\qquad\qquad}_{(皮相)入力〔VA〕} \qquad(21・5)$$
$$\underbrace{\qquad\qquad\qquad\qquad\qquad}_{(有効)\ 入力〔W〕}$$
$$\downarrow$$
$$消費電力〔W〕$$

図 21.3　モータの入力と出力の関係

になります．

以上から，計算式で算出された電流が少なめに出た理由がおわかりいただけたのではないでしょうか．

すなわち，この理由は式 (21・3) の P は，入力 (**消費電力**) で 5.5 kW のモータというと 5.5 kW は，出力なのです！

したがって，計算式で電流〔A〕を求めるなら，式 (21・4) から，効率 $\eta = 0.87$ として，

$$I_l = \frac{P'}{\sqrt{3}\,V\cos\theta\cdot\eta}$$

$$= \frac{5.5\times10^3}{\sqrt{3}\times200\times0.8\times0.87} = 23 \,〔A〕$$

となって，実際に流れる電流と一致しました．

すなわち，5.5 kW のモータの 5.5 kW は，出力ですから，**消費電力**〔kW〕を算出すると，式 (21・4) から，

$$P = \frac{出力}{\eta}\times100 = \frac{5\,500}{87}\times100$$

$$= 6\,300 \,〔W〕 = 6.3 \,〔kW〕$$

となります．

では，入力と出力の差，この例では，

$$6.3 - 5.5 = 0.8 \,〔kW〕$$

は一体何でしょうか．これが**損失**です．(**Q22** 参照)

さて，モータの出力〔kW〕がわかっていて，電流〔A〕がわかる簡単な方法は，あるでしょうか．

概算電流値〔A〕＝出力〔kW〕×4 です！

ただし，モータの電圧が 200〔V〕の場合です．

上記の 5.5 kW のモータの電流〔A〕は，

$$5.5\times4 = 22 \,〔A〕$$

となり，おおよその目安の電流の大きさを算出するのに現場で利用されます．

A22

「モータの損失」とは，鉄損，機械損，銅損，漂遊負荷損の4つから構成され，損失が増加すると効率が低下する．

解説

モータ出力≒消費電力で，**消費電力とはモータ入力**のことで，これと**モータ出力の差が損失**ということを知りました．

ここでは，**損失**をテーマに話を進めます．

1．モータとは？

まず**モータ**とは，電気エネルギーを回転する力（トルク），すなわち機械エネルギーに変換する装置です．

したがって，**モータ**は，回転力を利用していろいろな仕事をします．

2．モータの入力と出力の関係は？

モータの入力は，**図22.1**のように**出力に損失**を加えたものです．

この関係をもっとわかりやすく表すと**図22.2**のように**モータ入力**（電力）P_M が機械的出力（出力電力）P_{OUT} に変換される過程で発生するのが**損失** W_M ということになります．これを式で表すと，次のようになります．

$$効率\ \eta_M = \frac{出力}{入力} = \frac{P_{OUT}}{P_M} = \frac{P_{OUT}}{P_{OUT} + W_M}$$

$$(22 \cdot 1)$$

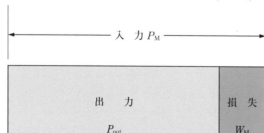

図22.1 モータ効率と損失

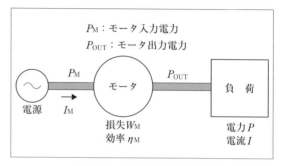

P_M：モータ入力電力
P_{OUT}：モータ出力電力

図22.2 入出力電力関連図

$$モータ入力電力\ P_M = P_{OUT} + W_M = \frac{P_{OUT}}{\eta_M}$$

$$(22 \cdot 2)$$

3．モータの損失とは？

モータの損失は，以下の4つから構成されます．
（**図22.3**参照）

① **鉄 損**：鉄心内の磁界が変化することにより発生するもので，磁束密度と電源周波数に依存します．

② **機械損**：軸受摩擦損，冷却ファンの風損からなり，回転速度に依存します．

③ **銅 損**：抵抗を持つ導線（銅，アルミ）に電流が流れることにより発生する損失で，電流値と抵抗値に依存します．

④ **漂遊負荷損**：上記以外の損失．具体的には，導線や鉄心内部に**うず電流**[1]が流れることによる損失．

これらの損失のうち，鉄損，機械損は負荷に関係なく一定であるので，**固定損**または**無負荷損**と呼ばれています．

銅損および漂遊負荷損は，負荷電流に応じて変化するから**負荷損**と呼ばれます．

以上，損失の負荷に対する変化を**図22.4**に示します．

4．モータの損失と効率の関係は？

モータの効率は，式（22・1）のように入力に対

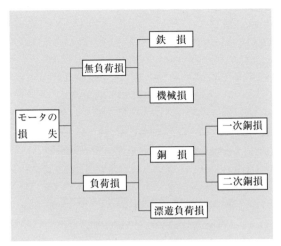

図22.3 モータの損失

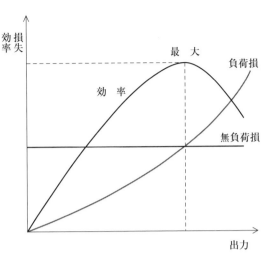

図22.5 効率と損失

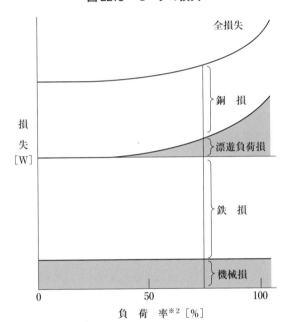

図22.4 損失と負荷

5．損失が増加すると……

　一般に損失が増加すると，式（22・1）から分母が大きくなるから効率が低下することになります．

　そのほかに損失の増加は，モータの温度上昇となって現れ，これがモータの絶縁物の熱劣化を促進させますから寿命を短くさせます．

　（絶縁物は，温度が6℃上がるごとに寿命が半減すると言われています．）

　したがって，損失は，温度上昇と寿命に極めて大きな影響を与えることになります．

　近年，この損失を20〜30％低減して，効率を数％高めた「高効率モータ」が注目されてきました．（『電気Q&A 電気設備のトラブル事例』のQ9，『電気Q&A 電気設備の疑問解決』のQ41参照）

（注）※1．うず電流：磁界中の誘導起電力によって鉄心内に渦巻状に流れる電流をいい，このうず電流が流れるとジュール熱が発生して損失になる．

　　　※2．負荷率：平均電力〔kW〕と最大電力〔kW〕の比で，設備の利用率を示す．

する出力の比で表され，定格負荷の70〜100％負荷で効率が最もよくなるよう設計されます．

　したがって，軽負荷運転の場合は，図22.5のように負荷損のうちの銅損が減少するだけで，ほかの損失はほとんど変わらないから，出力の割に損失が大きくなり，効率は低下することになります．

　また，効率が最大になるのは，同図から，

　無負荷損＝負荷損のときです．

　しかし，これを一般的には，鉄損＝銅損のときと表現しています．

Q23 スターデルタ（Y-△）とは？

A23

「スターデルタ」とは，かご形誘導電動機によく用いられ，始動時にスター結線、モータが加速したのちにデルタ結線に切り替える始動法である．

解説

現場でよく使う「**スターデルタ**」って何？また，何のために使うのか？　をテーマに話を進めます．

1．スターデルタって何？

モータと言えば，**三相誘導電動機**を指すのがふつうで，それにはかご形と**巻線形**の2種類があります．

そのうち，最も多く使用される**かご形誘導電動機**（図23.1）に採用されている始動法の**直入れ始動（全電圧始動）**では，始動電流が定格電流の10倍近くも流れ，電源によっては電圧降下が大きくなって，運転に支障をきたす恐れも出てきます．

そのため，ある容量以上のかご形では，定格電圧より低い電圧で始動（これを「**減電圧始動方式**」といいます．）する方法で一番多く使用されているのが**スターデルタ（Y-△）始動**，通称スターデルタです．

これは，始動電流を小さくするため，始動時には**スター（Y）結線**として低い電圧で始動し，モータが加速したら**デルタ（△）結線**に切り換えて全電

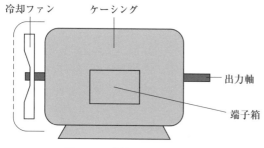

図23.1　汎用モータの姿図

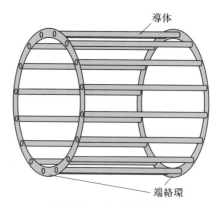

図23.2　かご形回転子

圧で運転する方法です．

2．かご形と巻線形って？

モータは，回転子の構造によって**かご形**と**巻線形**の2種類があります．

かご形の鉄心を取り去った状態は，図23.2のようで，構造も簡単で価格も安いため広く使用されています．しかし，**始動電流が大きい**という欠点があります．

巻線形は，図23.3のように回転子に巻線を施し，スリップリング，ブラシを経て外部の始動抵抗器に接続されています．こちらは，**始動電流を小さくして始動トルクを大きく**でき，**速度制御も**可能です．しかし，構造が複雑で価格も割高です．

3．モータの結線はどうなっているか？

モータの端子数は，3.7kW以下は3本（直入れ始動），5.5kW以上は**スターデルタ始動可能**のため，図23.4の口出線のように6本となっています．

なお，200V，400V2重電圧品（どちらの電圧でも共用）の**スターデルタ始動**可能のものの端子数は，12本となっています．

スターデルタ始動するには，図23.4のように始動時はY結線，運転時は△結線とするよう**電磁接触器**（Q36参照）を使って，モータの固定子巻

基礎編

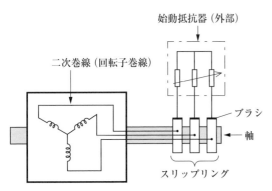

図23.3　巻線形回転子とスリップリング

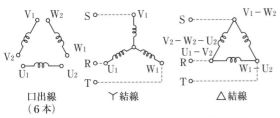

口出線
（6本）　　　　　Ｙ結線　　　　　△結線

始　　動 （Ｙ結線）		運　　転 （△結線）
R－U₁	V₂－W₂－U₂	R－U₁－V₂
S－V₁	（短絡）	S－V₁－W₂
T－W₁		T－W₁－U₂

図23.4　モータ端子記号と接続方法

線の結線を切り換えます.

4．どうして始動電流が小さくなるのか？

スターデルタ始動にするとなぜ，**始動電流**を小さくすることができるのか考えてみましょう.

図23.5のように，一相分の巻線のインピーダンスをZ〔Ω〕，電源電圧（線間電圧）をV〔V〕とすれば，始動時の**Ｙ結線**の**始動電流**I_Y〔A〕は，

$$I_Y = \frac{\frac{V}{\sqrt{3}}}{Z} = \frac{V}{\sqrt{3}Z} \text{〔A〕} \qquad (23 \cdot 1)$$

運転時の△結線の相電流I〔A〕は，

$$I = \frac{V}{Z} \text{〔A〕} \qquad (23 \cdot 2)$$

したがって，線電流$I_\triangle$〔A〕は，（**Q21**参照）

$$I_\triangle = \sqrt{3} I = \frac{\sqrt{3} V}{Z} \text{〔A〕} \qquad (23 \cdot 3)$$

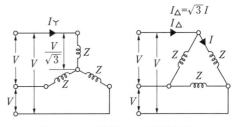

図23.5　Ｙ結線，△結線の電流

したがって，

$$\frac{I_Y}{I_\triangle} = \frac{V}{\sqrt{3}Z} \times \frac{Z}{\sqrt{3}V} = \frac{1}{3} \qquad (23 \cdot 4)$$

すなわち，Ｙ結線にすることにより，運転時の△結線のときの電流の1/3に小さくできます.

したがって，**直入れ始動**では，運転時の10倍近い始動電流が流れますが，Ｙ始動にすることによって2～3倍の**始動電流**にできることがわかりました.

5．どうして△結線に切り換えるのか？

スターデルタ始動では，スター（Ｙ）結線することによって，**始動電流**をデルタ（△）結線のときの電流の1/3にすることが理解できました.

それでは，運転時もＹ結線のままなら，**スターデルタ始動**方式は不要ではないかという疑問をお持ちの方もいらっしゃるのではないでしょうか.

答えは，ノーなのです！

なぜなら，モータの力，すなわち**トルク**は，電圧の2乗に比例するという重要な公式があるのです.

トルクをT〔N·m〕，電圧をV〔V〕，比例定数をkとすると，

$$T = kV^2 \qquad (23 \cdot 5)$$

ところがＹ結線のままだと，

$$T' = k\left(\frac{V}{\sqrt{3}}\right)^2 = \frac{1}{3}kV^2 = \frac{1}{3}T$$

となって，トルクが1/3になって負荷が大きいと停止してしまう恐れも出てくるので，△結線に切り換える必要があるのです.

Q24 モータの極数とは？

A24

「モータの極数」は，磁極一組を2極とし，モータの同期速度は極数と周波数に応じて決まる.

解説

モータには，**図24.1**のような**銘板**が必ず取り付けられています．この**銘板**は，人間の身分証明書のようなもので，記載された数字や文字はひとつひとつ重要な意味をもっています.

ここでは，銘板記載事項のうちの**極数**（POLE）を中心に解説していきます.

この**極数**というものがモータの**回転速度**と密接な関係があります．これからモータの**極数**を理解するためにモータのまわる原理から勉強して，**回転磁界**，**同期速度**という用語を理解していきましょう.

1．モータの回る原理は？

モータの定義については**Q22**，モータの原理については**Q18**で簡単に触れてきました.

さて，**モータの回る原理**は，**図24.2**のように回転できる磁石の中にかご形回転子（以下「回転子」という）を置き，磁石を時計方向に回転させると，回転子も同じ方向に回転します.

これがモータの原理で，これは磁石を時計方向に回すと，回転子は逆の反時計方向に回っていることになって，磁力線を切りますから，**フレミングの右手の法則**（**Q18**参照）によって，同図の方向に誘導電流が流れます.

そうすると，回転子に流れる誘導電流と磁石の磁力線との間に，**フレミングの左手の法則**（**Q18**参照）による**電磁力**が発生します.

この**電磁力**の方向は，磁石の回転方向の時計方向と同方向になります.

このように回転子は，磁石の回転速度により少し遅い速度で同じ方向に回転し，**トルク**を発生す

THREE PHAHE INDUCTION MOTOR	○○○○○○○						
5.5kW　2POLE					TYPE FORM	TFOA KK DK	
VOLTS	200	200	220	400	400	440	RATING	CONT
HERTS	50	60	60	50	60	60	INSULATION	B
min⁻¹	2900	3490	3510	2900	3490	3510	PROTECTION	JP44
AMP'S	21.5	20.0	18.5	10.7	10.0	9.3	COOLING	JC4
RULE	JIS C 4004						BRG. D. S	6308ZZ
							BRG. O. S	6306ZZ
○○○○○○○ Ltd.				MFG. No	○○○○○○		

図24.1　モータの銘板例

るから回転し続けるわけです．ここで磁石のNSを磁極といい，NS1組を**2極**といいます.

2．回転磁界とは？

以上で，モータの回る原理がおわかりいただけたのではないでしょうか.

でもモータは，**図24.2**のように磁極を機械的にほかの力で回さなければならないようではお話になりませんね.

実際の**三相誘導電動機**では，交流を一次巻線である固定子巻線に流すだけで，磁極の機構は停止していても磁界は回転します．これが**回転磁界**で，この**回転磁界**ができて回転子は回転するのです.

それでは，**図24.3**のように円筒形鉄心の内面に3個のコイルaa′，bb′，cc′を$2\pi/3$〔rad〕（= 120°）の角度ずつずれるようにした三相巻線に，**図24.4**（a）のような三相交流i_a，i_b，i_cを流すと合成磁束は同図（b）のように回転します．すなわち，コイルは静止していても磁極が回転する**回転磁界**ができます.

以上のように，**図24.4**でt_1，t_2，t_3，t_4の各瞬時の磁界が右方向に回転し，合成磁束が1サイクルの電流の変化によって1回転する**回転磁界**ができることがわかります.

ここで，24.4（b）の⊗印（クロス）は，電流が紙面と垂直に表から裏の向きに流れていることを示す記号であり，⊙印（ドット）は，電流が紙面と垂直に裏から表の向きに流れていることを示す記

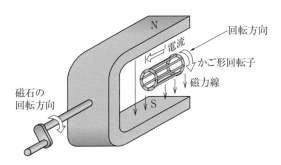

図24.2　モータの回る原理

号です．したがって，コイルに電流が流れている
と**アンペアの右ねじの法則**（**Q18** 参照）によって
コイルのまわりに磁界ができます．

3．同期速度とは？

　図24.3の2極の回転磁界は，電流が1サイク
ル（1 Hz）すると1回転し，4極のものは，1サ
イクルの間に1/2回転します．

　この回転磁界の回転速度を**同期速度**といい，極
数を p，電源の周波数を f〔Hz〕とすれば，**同期速
度** Ns〔min^{-1}〕[*1]は，

$$Ns = \frac{120f}{p} \text{〔min}^{-1}\text{〕} \qquad (24 \cdot 1)$$

図24.1のモータの同期速度 Ns〔min^{-1}〕は，

$$Ns = \frac{120f}{p} = \frac{120 \times 50}{2} = 3\,000 \text{〔min}^{-1}\text{〕}$$

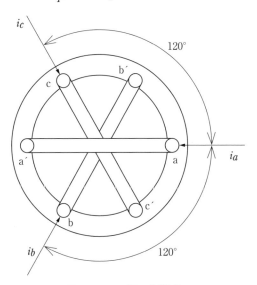

図24.3　2極三相巻線

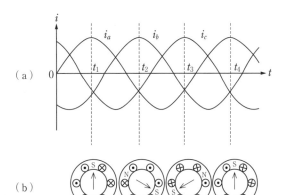

（a）

（b）

図24.4　三相交流による2極の回転磁界

4．極数はモータの回転速度に関係する？

　式（24・1）からモータの回転磁界の速度，すな
わち**同期速度** Ns は，**極数**と周波数に応じて決ま
ることがわかりました．

　それでは，実際のモータの回転速度は，**同期速
度**と同じなのでしょうか．

　モータの回転速度とは，1．で勉強したように回
転磁界の速度ではなく，**回転子**の回転速度でした．

　この回転子の回転速度 N〔min^{-1}〕は，モータが
無負荷ならほぼ**同期速度** Ns〔min^{-1}〕に等しいの
ですが，負荷がかかると数％回転速度が遅くなり
ます．

　これを**すべり** s〔％〕といい，次式で表されます．

$$s = \frac{Ns - N}{Ns} \times 100 \text{〔％〕} \qquad (24 \cdot 2)$$

　図24.1のモータは，200〔V〕50〔Hz〕で2 900
〔min^{-1}〕ですから，式（24・1）と（24・2）から

$$s = \frac{Ns - N}{Ns} \times 100 = \frac{3\,000 - 2\,900}{3\,000} \times 100$$

$$= 3.3 \text{〔％〕}$$

　以上から，モータの回転速度は同期速度に関係
することが理解できたのではないでしょうか．

（注）※1．回転速度の単位：**SI 単位**．以前は〔r/
　　　　　min〕，その前は〔rpm〕であった．

55

Q25 受電設備の VT や CT とは？

A25

「VT」とは，計器用変圧器であり，測定すべき電圧を小さくして電圧計に供給し，「CT」とは，変流器であり，測定すべき電流を小さくして電流計に供給するものである．

解説

VT と CT という用語を通じて，受電設備[1]や制御盤の理解に欠かせない基礎を勉強します．

電気では，インピーダンスというカタカナや受電設備の VT，CT 等の文字記号がよく登場してきますが，これらの意味を知ることが電気と親しくなる第一歩です．

1．VT，CT の意味は？

VT は，Voltage Transformers の略称です．

しかしながら，現場では電気屋さんの多くが旧名の PT と呼んでいますが，どちらも同じ意味で**計器用変圧器**です．（PT＝Potential Transformers）

CT は，Current Transformers の略称で**変流器**の意味です．

さらに VT と CT の合成語である VCT は，Combined Voltage and Current Transformers の略称で**計器用変圧変流器**という意味です．

そして VT，CT および VCT を総称して，一般に**計器用変成器**といいます．

2．VT，CT ってどんなものですか？

VT は，**図 25.1** のように小容量変圧器と構造，原理とも大差なく，一次巻線，二次巻線および鉄心から構成される一種の変圧器です．なお，一次側に**ヒューズ**を持っているものが多く，このヒューズの目的は，計器用変圧器本体の絶縁破壊等による電源側への波及事故を防止します．

CT は，一次巻線の構造により貫通形と棒形とがあります．

図 25.2 は，貫通形で鉄心に二次導体だけを巻き，一次導体は貫通穴にそのまま電線を貫通させるもので，身近にある制御盤にもこのタイプが多く使用されています．

VCT は，VT と CT を一つにまとめて外箱に入れたもので，**図 25.3** のような形をしており，現場では電気屋さんの多くが旧名の **MOF** と呼んでいることがあります．

3．VT，CT は何をするものなの？

受電設備の交流高電圧回路の電圧や電流を測定する場合，あるいは低圧回路でも大きなモータのような大電流の測定，または**保護継電器**[2]を使用する場合，直接計器を回路に接続することは危険で，安全上からも好ましいことではありません．

さらに大電流の場合は，電線が太くなり計器に接続することが困難な上，工事費も多額になってしまいます．

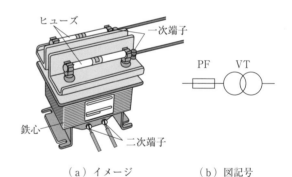

（a）イメージ　　　　（b）図記号

図 25.1　計器用変圧器

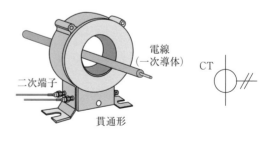

（a）イメージ　　　　（b）図記号

図 25.2　変流器

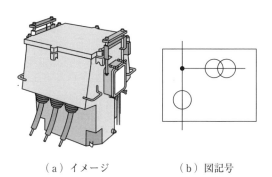

（a）イメージ　　　　（b）図記号

図25.3　計器用変圧変流器

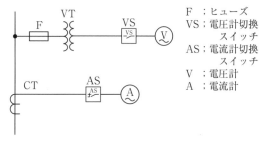

F	：ヒューズ
VS	：電圧計切換スイッチ
AS	：電流計切換スイッチ
V	：電圧計
A	：電流計

図25.4　VT，CT の使用例

すなわち，**VT** は，測定すべき電圧を一定の割合で小さくして電圧計等に供給するもので，電圧計の最大目盛の n 倍の電圧を測定するには，二次巻線の巻数が一次巻線の巻数の $1/n$ 倍でよいわけです．また，高圧の二次側の電圧の定格は，すべて **110 V** と定められています．

CT は，測定すべき電流を一定の割合で小さくして電流計に供給するもので，電流計の最大目盛の n 倍の電流を測定するには，二次巻線の巻数が一次巻線の巻数の n 倍でよいわけです．また，一次電流がどのような定格の CT でも，二次側の電流の定格はすべて **5 A** と定められています．

したがって，**VT，CT** は，高電圧・大電流でも計器でそのまま測定できるように工夫したものですから，計器の付属品と考えて下さい．

なお，**VCT** は，受電設備の断路器電源側に取り付け，回路の電圧，電流を低電圧，小電流に変換して**取引用計量器（電力量計）**を駆動させるもので電力会社の財産になります．

ここで，次の例題を通して VT と CT の理解を深めましょう．

> **例題 25.1**　30/5 A の CT と 6 600/110 V の VT とを使って，単相電力計の指示 400 W を得ることができた．高圧側単相回路の電力〔kW〕を求めよ．ただし，負荷の力率を 1 とする．

■解答

CT 比が $\dfrac{30}{5} = 6$ ですから，負荷の電流は 6 倍，

VT 比が $\dfrac{6\,600}{110} = 60$，ですから，負荷の電圧は60 倍．

高圧側の電力は，400 W = 0.4 kW だから，

$0.4 \times 6 \times 60 = 144$〔kW〕　　　　（答）

4．VT，CT はどのように使用されるか？

VT，CT の使われている結線図を**図 25.4** のように示しておきましたので，参考にしてください．

（注）※1．**受電設備**；電力会社から**高圧**または**特別高圧**で受電して，ビルまたは工場で使用するのに便利な電圧に変成するための設備をいう．図記号は，Q33 参照．

※2．**保護継電器**；受電設備または負荷で電気的な事故が発生した場合，受電設備を電力会社から迅速に切り離し，受電設備または負荷を守るとともに事故を最小限にくい止め，電力会社に影響（これを「**波及事故**」という）させないための保護機器．

A 26

「CT の二次側開放」とは，CT 二次端子が結線された状態で交流電流計の結線を外すことであり，二次端子電圧が数千 V に上昇し，絶縁破壊から焼損に至ることもある．

らになぜ CT の二次側開放が禁止されているかを私たちにわかりやすく説明できる人はまれでしょう．ここでは，現場で生かせる知識，技術を織り混ぜながら解説します．

解説

変流器（CT）を取り上げ，CT の二次側開放をテーマに，CT の二次側開放とはどのようなことか，また，CT の二次側開放をするとどうなるかを通して電気の基礎知識があると，電気がわかりおもしろくなります．

電気屋さんなら CT の二次側開放をしてはいけないことを誰でも知っています．しかし，現場で具体的に CT の二次側開放ってどんなことか，さ

1．CT の配線のしかた知ってる？

一般に，回路に流れる電流が 30 A 未満なら，電流計は回路に直接接続できますが，受電設備のように危険な高電圧回路や低圧回路でも 30 A を超えるところでは，CT を介して図 26.1 のように電流計を接続します．

同図では，CT 一次側は，回路の電線を CT 貫通穴を通しているので常に負荷電流が流れ，CT 二次側には実際の電流計に流れる電流で，5 A が標準となっていますから細い電線が使えます．

したがって，30 A 未満の電流計でも CT を使

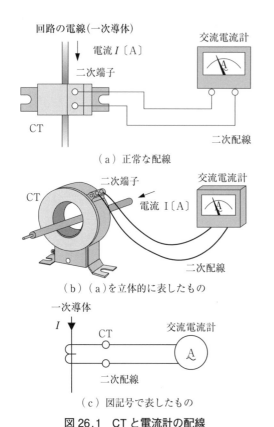

| 図 26.1　CT と電流計の配線 | 図 26.2　CT の二次側開放 |

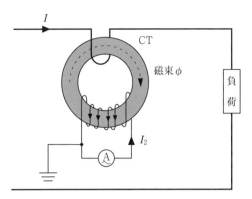

図26.3　CT使用の電気回路

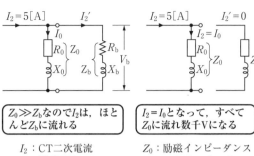

$Z_0 \gg Z_b$なのでI_2は，ほとんどZ_bに流れる

$I_2 = I_0$となって，すべてZ_0に流れ数千Vになる

I_2：CT二次電流
I_0：励磁電流
I_2'：負担に流れる電流

Z_0：励磁インピーダンス
Z_b：二次インピーダンス
V_b：二次端子電圧

（a）CTの通常回路　　（b）CTの二次側開放

図26.4　CT等価回路

基礎編

うことによって，CT設置場所（現場）から遠く離れた中央制御室に電流計を取り付けるときも細い電線が使えて，工事費も安くなります．

2．CTの二次側開放ってどんなこと？

CTの二次側開放って何か特殊なことで，私たちには無関係のことのように感じますが，動力回路の三相200Vや三相400Vのポンプやファンの電流計が不良で交換するとき，図26.2のようにCT二次端子の結線は，そのままでも交流電流計の結線を外すことがCTの二次側開放になります．

また，CT二次側回路にヒューズを入れるとヒューズが切れたときにCTの二次側開放になります．

したがって，通電中に二次配線から交流電流計を取り外すときは，まず二次端子を短絡してから行えばCTの二次側開放になりません．

さらに受電設備の保護継電器として重要な役割を果たす**過電流継電器**（以下「OCR」という．Q34参照）のタップを変更したいときは，先に予備タップを変更したい電流値のタップ穴に差し込んだ後に，前のタップを抜かないとCTの二次側開放となります．

3．CTの等価回路は？

CTは，一次側が回路の途中に直列に接続され，二次側は電流計や保護継電器の電流コイルに接続されていることが図26.1でわかりました．

これをもう少し電気回路らしく描いたものが**図26.3**で，これでCTのイメージがわかってきま

した．

それではCTの等価回路は，どのように描かれるかについて考えてみましょう．

CTは，励磁インピーダンスZ_0と二次側に接続される電流計等と電線の負荷（これを計器用変成器では「**負担**」といいます．）Z_bの並列回路として表すことができるから**図26.4**（a）のようになります．

ここで励磁インピーダンスZ_0は，通常数千Ω程度で，低圧ではCTの負担は15VAが多く使用され，二次側には5Aが流れますから

15VA÷5A＝3V（VAは皮相電力）

二次側負担　$Z_b = \dfrac{3\,V}{5\,A} = 0.6\,\Omega$

と非常に低いインピーダンスなので，二次側の電流5Aは，ほとんど全部Z_bに流れると考えてください．

4．CTの二次側開放をするとどうなる？

CTの二次側を開放すると，等価回路が図26.4（b）のように二次電流がすべて数千Ωもある励磁インピーダンスZ_0に流れるから，二次端子電圧が数千Vに上昇します．

したがって，CTの絶縁がこの上昇した高電圧に耐えることができなくなり，**絶縁破壊**から焼損に至ることがあるので，CTの二次側開放は決して行ってはならないことが理解できました．

A27

「短絡インピーダンス」とは，定格電流が流れたときの変圧器の内部電圧降下のことで，外観が大きい変圧器ほど短絡インピーダンスが大きくなる．

解説

変圧器にもモータと同じように，**図27.1**のような銘板が取り付けられています．この銘板の中の「**短絡インピーダンス**」をターゲットにして話を進めます．

短絡インピーダンスという用語を初めて耳にする方も多いのではないでしょうか．

短絡インピーダンスは，変圧器の規格である**JEC**（電気学会電気規格調査会標準規格）が平成7年6月に改訂され，「**インピーダンス電圧**」（通称「**%インピーダンス**」）の呼び名が改められたものです．

1．インピーダンス電圧とは？

変圧器自体の**インピーダンス電圧降下**のことで，通常百分率（%）で表すから**百分率インピーダンス**，**%インピーダンス降下**あるいは単に**%イン**

ピーダンスともいいます．

すなわち，インピーダンスの割合ではなく電圧の割合を意味しています．

いま変圧器を単相として，定格一次電圧を V_{1n} 〔V〕，定格容量を P_n 〔VA〕とすれば定格一次電流 I_{1n} 〔A〕は，（**Q4**参照）

$$I_{1n} = \frac{P_n}{V_{1n}} \text{〔A〕} \tag{27・1}$$

この I_{1n} 〔A〕が**変圧器のインピーダンス** Z_1 〔Ω〕に流れたとき，インピーダンス降下が $Z_1 I_{1n}$ 〔V〕（= V_s 〔V〕，これが本来のインピーダンス電圧）となるから，**百分率インピーダンス** %Z は，

$$\%Z = \frac{Z_1 I_{1n}}{V_{1n}} \times 100 = \frac{V_s}{V_{1n}} \times 100 \text{〔%〕} \tag{27・2}$$

という式で計算できます．すなわち，この%Zの値が**短絡インピーダンス**と呼び改められました．

なお，三相変圧器の場合は，式(27・1)，(27・2)の V_{1n} が線間電圧で与えられますから，$\sqrt{3}$ で割って相電圧で計算します．

2．なぜ短絡インピーダンスが使われる？

変圧器の銘板から定格一次電圧 V_{1n}，定格一次電流 I_{1n}，それに**短絡インピーダンス** %Z がわかると変圧器のインピーダンス Z を計算できます．

図27.1の例で $V_{1n} = 6\,600 / \sqrt{3}$ 〔V〕，$I_{1n} = 65.6$ 〔A〕，%$Z = 4.02$ 〔%〕ですから，式(27・2)から，

モールド変圧器

○○–○○（製造社の型番）

屋内用	定格容量		750 kVA	規格		JEC-2200-1995	
三　相	定格周波数	50 Hz	接続記号 Dyn11		冷却方式	乾式自冷式	
	定格電圧	定格電流		試験電圧値		耐熱クラス	
一　次	6600 V	65.6 A	L160 AC 22 kV			F	
二　次	420 V	1031 A	AC 4 kV			温度上昇限度	
総質量	1880 kg	短絡インピーダンス		4.02 %		95K	
製造年	2000-11	製造番号	○○○○○○○○				
混触防止板	無						

	電圧(V)	接続	端子
一次	F 6750	11-21	U
	R 6600	12-21	
	F 6450	12-22	V
	F 6300	13-22	
	6150	13-23	W
二次	電圧(V)	端　子	
	420	u.　v.　w	

○○○○株式会社（製造社）

図27.1　変圧器の銘板

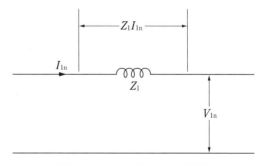

図27.2　インピーダンス電圧

表 27.1　変圧器の標準的な%Z の値

一次定格電圧〔kV〕	%Z
6.6	3.0
22	5.0
33	5.5
66	7.5
77	7.5
110	9.0
154	11.0
275～500	15.0

写真 27.1　モールド変圧器（工場立会検査の様子）

$$Z_1 = \frac{V_{1n} \times \%Z}{100 I_{1n}} = \frac{(6\,600 / \sqrt{3}) \times 4.02}{100 \times 65.6}$$
$$= 2.34 \,〔\Omega〕$$

これは，変圧器の一次側のインピーダンスだから二次側も同様に計算できます。

式 (27・2) で $V_{1n} \rightarrow V_{2n} = 420 / \sqrt{3}$〔V〕，$I_{1n} \rightarrow I_{2n} = 1\,031$〔A〕，$\%Z = 4.02$〔%〕（一次二次側共不変）を代入して計算すると，$Z_2 \simeq 0.0095$〔$\Omega$〕となります。

すなわち，変圧器のインピーダンスは，これを**オーム値（Ω）**で表すと，一次側と二次側で異なった値になるから，どちらかに換算して計算する必要があります。

ところが，%Z，短絡インピーダンスを使うと，変圧器の一次側でも二次側のどちらからでも，この値は同じ値だから，変圧器を含む回路の計算が便利になります。

3．短絡インピーダンスのなかみと値は？

今までの説明から，**短絡インピーダンス%Z**は，定格電流が流れたときの変圧器の内部電圧降下とも考えられます。

また，変圧器は鉄心にコイルを巻いたものですから，抵抗 R〔Ω〕とリアクタンス X〔Ω〕の合成になります（**Q1, 18** 参照）。

したがって，この%Z は，**巻線の抵抗による電圧降下分%IR** と，**リアクタンスによる電圧降下分%IX** との合成です。

すなわち，

$$\%Z = \sqrt{(\%IR)^2 + (\%IX)^2}\,〔\%〕 \qquad (27・3)$$

なお，%Z の値は，図 27.1 の例では 4.02 %ですが変圧器の標準的な%Z の値は，**表 27.1** のとおりで，電圧が上がるにつれて巻数が大きくなるので%Z の値も大きくなります。

また，表 27.1 の変圧器は**油入変圧器**のものですが，同じ 6.6 kV の変圧器でも図 27.1 のモールド変圧器[※1]の%Z の値が大きいことがわかります。

これは，**モールド変圧器**では一次二次巻線間の絶縁を絶縁性能の小さい空気に頼っているため，間隔が大きくなってインダクタンス L が大きくなり，リアクタンス X が大きくなるからです。

一方，油入変圧器の油の絶縁性能は，空気に比べて大きいのでリアクタンス X が小さくなります。

さらに%Z は，%IR より %IX の比率が大きいためリアクタンスの影響が大きいわけです。

もっと平たくいうと，外観が大きい変圧器ほど**短絡インピーダンス%Z** が大きくなります。

（注）※1．**モールド変圧器**；油入変圧器では絶縁と冷却に絶縁油を採用しているが，こちらはエポキシ樹脂と空気の複合絶縁を採用しているオイルレスの**難燃性変圧器**である。したがって，防災性を要求される劇場，病院，放送局およびデパート等の変圧器として採用されていますが，33 kV，10 MVA が実用上の上限といわれている。（**写真 27.1**）

基
礎
編

A28

　「インバータ」とは，モータの可変速運転装置で，交流を直流に変換するコンバータ部と直流を可変周波数の交流に変換するインバータ部から構成される．

解説

　今や省エネのエースと言われる「**インバータ**」は，意外に知らないまま使っているのではないでしょうか．

　ここでは**インバータ**にスポットを当て，知られざる素顔にせまります．

　インバータから何を連想しますか？

　かなり古い話になりますが，テレビで放映されていた「**インバータ白くまくん**」というエアコンのコマーシャルを覚えている方もいると思います．

　それ以来，「**インバータ**」というとテレビのコマーシャルからエアコンを連想させられるのは筆者だけではないはずです．（少し古い話？）

1．インバータってどんな意味？

　英文名で inverter と書き，「逆にするもの」という意味で，電気専門用語としてインバータは，「直流を交流に変える変換器」とされています．また，コンピュータ専門用語で論理回路の一つでNOT回路[※1]の意味も持ち合わせています．

　また，**インバータ**というと，電気では直流交流変換器のほか，**モータの回転数制御装置**，照明の**インバータ蛍光灯器具**（**Q29** 参照）等の多くの意味に使われています．

　ここでは，**インバータ**とは**モータ**を**可変速運転**するために商用電源[※2]をいったん直流に変換する**コンバータ部**と，この直流を可変周波数の交流に変換する（本来の意味の）**インバータ部**を含めた装置全体を意味するものとして扱います．

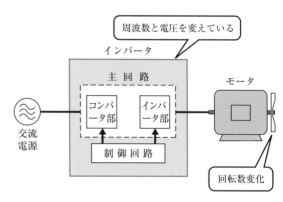

図 28.1　インバータのイメージ

2．インバータのイメージは？

　図 28.1 のように商用周波数（**Q7** 参照）の電源，いわゆる交流電源とモータの間に接続して，モータの周波数を変えることによって，モータの回転数を変化させるもので，結果的に**省エネルギー**という効果を生み出すものです．

　すなわち，**パワーエレクトロニクス**（**電力用半導体素子**）を使用してモータを**可変速運転**するもので，ケース内に収納され，ケースの表面には電卓のようなディスプレイ（表示）付オペレータ部（操作）があって，運転の設定や状態表示を行います．

　なお，実物の**インバータ**のケース表面を外して内部の様子を見たのが**写真 28.1** です．

　このように**インバータ**は，ケースに収納されていて，**制御盤**内部に取り付けられるので目立つ存在ではありません．

3．インバータってどんなもの？（原理は？）

　インバータってモータの**可変速運転装置**ですから，その原理は周波数だけを変えれば **Q24** の式（24・1）で勉強したように，$Ns = 120f \diagup p$〔$\min^{-1}$〕の式で同期速度が変化するので回転速度 N も変わります．では**インバータ**は，この周波数 f だけを変えているのでしょうか．

　答えはノーです！　なぜって，**インバータ**を理

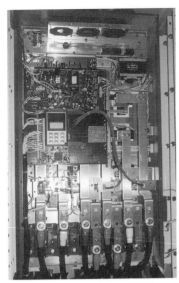

写真 28.1　インバータの内部

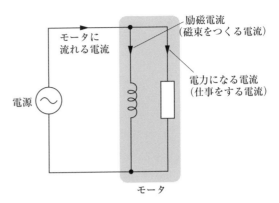

図 28.2　モータの等価回路

解するには**モータ**の回転速度を変えるわけですからモータの知識が必要です．逆に**インバータ**を知ると**モータ**もわかってきます．

このことは，**Q7** の式（7・1）で勉強したように，電圧一定とすると，周波数 f を小さくすると $E = Kf\phi$ の式から（K は比例定数で一定），磁束 ϕ が大きくなります．（**Q7** 参照）

モータの磁束 ϕ が大きくなると，**モータ**の磁束を作る**励磁電流**が大きくなり，全体として**モータ**の電流が大きくなって**モータ**が過熱し，焼損の恐れが出てきます（**図 28.2**）．

そこで周波数 f だけでなく電圧 E も変えても，磁束 ϕ は一定のままで変わりませんので**モータ**に悪影響を与えないわけです．

磁束 ϕ ＝一定は，式（7・1）を変形して，$E / f = K\phi$ とすると理解できます．

周波数 f を小さくするとき，電圧 E も小さくすれば，常に $E / f =$ 一定となって磁束 ϕ は変わりません．

例えば周波数 60〔Hz〕の地域で周波数を半分（60 Hz → 30 Hz）にすると，

$$\frac{E}{f} = \frac{220〔V〕}{60〔Hz〕} = \frac{110〔V〕}{30〔Hz〕} = 一定$$

となるから，ここで $E \rightarrow V$ に変えてインバータを V / f **制御装置**とか，電圧も周波数も変えているので英語にすると，Variable Voltage，Variable Frequency の頭文字をとって，**VVVF** とも呼んでいます．

すなわち，**インバータ**は周波数だけでなく電圧と周波数を変化させているので **VVVF**，あるいは V / f **一定制御**という表現もします．

4．インバータを使うとなぜ省エネになるの？

ビルや工場の**モータ**は，ポンプやファンに使用されるのがほとんどで，トルクを T〔N・m〕，回転数を N〔min⁻¹〕，出力を P〔W〕とすれば，

$$T = kN^2〔N・m〕 \qquad (28・1)$$

で表すことができます．（k は比例定数）

また，ω を角周波数〔rad/s〕とすれば，

$$P = \omega T = 2\pi \frac{N}{60} T〔W〕 \qquad (28・2)$$

$N \propto f$，$T \propto N^2$ ですから，

$$P = KN^3〔W〕 \qquad (28・3)$$

ただし，K は比例定数

以上のように，**モータ出力** P は回転数 N の3乗に比例することから，回転数を下げると大幅な省エネルギーになることがわかります．

（注）※1．**NOT 回路**：入力端子が 1 のときに出力端子に 0 を出力し，入力端子が 0 のときに出力端子に 1 を出力する回路．

※2．**商用電源**；商用周波数（**Q7**）の交流．

「インバータけい光灯器具」とは，電子安定器を内蔵したけい光灯器具であり，「Hfけい光ランプ」とは，インバータで高調波点灯する管径小・高効率のけい光ランプである．

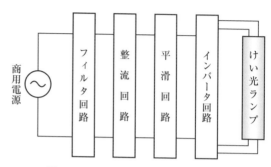

図29.1 電子安定器の基本回路構成

商用電源 — フィルタ回路 — 整流回路 — 平滑回路 — インバータ回路 — けい光ランプ

解説

「インバータ」は，モータの可変速運転のためではなく照明の分野にもひんぱんに使用されるようになりました．

ここでは照明の分野に使われているインバータを取り上げます．

1．インバータけい光灯器具とは？

照明分野におけるインバータ化は，一般のけい光ランプを電子安定器で点灯して実用化されたのが最初です．

けい光灯安定器には，従来からの銅鉄形安定器[※1]と電子安定器の2種類があり，後者の電子安定器は，図29.1のように整流平滑回路とインバータ回路によって，けい光ランプを高周波点灯させます．

このように電子安定器は，インバータ回路があるのでインバータ式安定器あるいは高周波点灯形安定器とも呼ばれることがあります．

この電子安定器を内蔵したけい光灯器具を「インバータけい光灯器具」と呼んでおります．

2．Hfけい光ランプとは？

Hfとは，High frequency の略で，高周波という意味で，一般の直管形けい光ランプの管径が 32.5 mm に対して，Hfけい光ランプの管径は 25.5 mm と細くなっています．

この Hfけい光ランプは，従来の銅鉄形安定器では点灯できずインバータで点灯するので，電子安定器が必要になります．

また，Hfけい光ランプは，一般のけい光ランプと互換性がなく，Hf専用の照明器具（以下「専用インバータ」という）と組み合わせないと使用できません．

3．照明のインバータ化は省エネになる？

照明分野の省エネルギーの尺度は，光出力（ランプ光束，単位；lm ルーメン）を消費電力（単位；W ワット）で割った lm/W が使われます．

一般のけい光ランプを高周波点灯すると，商用周波点灯に比べてランプ効率（lm/W）が向上し，騒音やチラツキも減ります．

これは，電子安定器は高周波点灯するので，インダクタンス L の値が小さくできる上，安定器の外形寸法が小さくなるからです．

したがって，銅鉄形安定器に比べて鉄や銅線の使用量が減少するから，安定器損失が減って省エネルギーになるほか，器具の重量も軽くなります．

ここで，電子安定器のインダクタンス L が小さくできることを考えます．図29.2のような等価回路でリアクタンス X の値は，銅鉄形の場合もほぼ同じと考えると，電子安定器は高周波で f = 50 kHz くらいになり，商用周波数が 50 Hz とすると，銅鉄形の場合に比べて，周波数は，

$$\frac{50 \times 10^3}{50} = 10^3 = 1\,000\ 倍$$

となりますから，X ＝一定なら，

$$X = \omega L = 2\pi f L\ (\Omega) \qquad (29 \cdot 1)$$

64

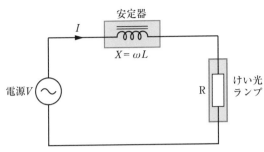

図 29.2　けい光ランプの等価回路

表 29.1　Hf けい光ランプとの比較例

	寸法〔mm〕		定　　格			効率〔lm/W〕
	管径	長さ	光束〔lm〕	電力〔W〕	電流〔A〕	
Hf けい光ランプ	25.5	1 198	3 520	32	0.255	110
一般 けい光ランプ	32.5	1 198	3 000	40	0.420	75
省電力型 けい光ランプ	32.5	1 198	3 450	36	0.440	83

の式で L の値は，1/1 000 でよいからです．なお，インダクタンス L は，$L \propto N^2$（N：コイル巻数）になり，巻数 N が大幅に減少し，銅線の使用量，コアの体積が減少するから損失が減り，重量も減少します．

さらに Hf けい光ランプを使いますと，**表 29.1** のように一般のけい光ランプに比べて効率が高いので，電子安定器の省エネルギー分も含めて，より一層の省エネルギー化を図ることができます．

4．けい光ランプの交換だけでインバータ化は？

今までの説明から，一般のけい光ランプを**電子安定器**，すなわち**インバータけい光灯器具**に使用することはできます．しかし，**Hf けい光ランプ**を従来のけい光灯器具，すなわち，銅鉄形安定器で点灯することはできないので，けい光ランプの交換だけでインバータ化は不可能です．

したがって，けい光ランプはそのままで器具または安定器の交換で**インバータ化**が可能になりますが **Hf けい光ランプ**を使うなら専用インバータ

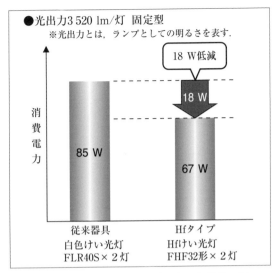

●光出力 3 520 lm/灯　固定型
※光出力とは，ランプとしての明るさを表す．

18 W 低減

18 W

消費電力

85 W

67 W

| 従来器具 白色けい光灯 FLR40S×2 灯 | Hfタイプ Hfけい光灯 FHF32形×2 灯 |

図 29.3　Hf けい光ランプの省エネ効果の例

が必要です．

5．省電力型けい光ランプの使用で省エネは十分？

けい光ランプの効率は，lm/W すなわちランプ効率が大きい光源ほど省エネルギー効果は大きくなります．

表 29.1 から，一般の 40 W けい光ランプのランプ効率 75 lm/W より省電力型けい光ランプのランプ効率は 83 lm/W と，1 割ほど高くなっています．

しかし，けい光ランプを点灯させるには安定器が必要であり，安定器の損失電力まで含めた消費電力でけい光ランプの光束を割った値が，けい光灯器具の**総合効率**になります．

電子安定器の消費電力は，銅鉄型安定器の消費電力に比べて小さく，総合効率では約 17 ％高くなるので，電子安定器による高周波点灯専用の **Hf けい光ランプ**が開発されたのです．

(注)※1．**銅鉄型安定器**；一般の安定器は，鉄心に銅線を巻いてインダクタンスをつくり，このインピーダンスでランプに流れる電流を調節している．この銅鉄型安定器のことを別名，「磁気回路式安定器」または，「磁気式安定器」という．

A30

「高調波」とは，商用周波数の整数倍の周波数のことで，高調波電流が流れると配電線や変圧器のインピーダンスによって電圧降下が発生し，電源電圧をひずませる．

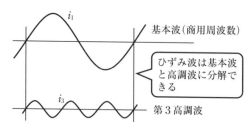

図 30.1　基本波と高調波

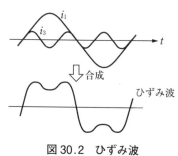

図 30.2　ひずみ波

解説

高調波は，**インバータ**，**周波数**，それに**力率改善用コンデンサ**に深く関係しますので，基礎編の総仕上げにピッタリのテーマです．

それでは，電気の基礎を振り返りながら**高調波**について理解を深めて**基礎編**を卒業し，いよいよ次のステップとして現場で活用できる技術を学ぶ**実務編**に進みます．

1．高調波ってなにもの？

一般に交流電源の波形は，**写真 30.1** のようなきれいな**正弦波**（サインカーブ）ですが，**高調波**を含むとひずみ波（**写真 30.2**）になります．すなわち，**ひずみ波**は基本波（50 Hz または 60 Hz）と基本波周波数の整数倍の**正弦波**の合成と考えます．

このように基本波，すなわち商用周波数の整数倍の周波数を**高調波**と呼んでいます．

例えば基本波が 50 Hz のとき，同じ周期の中に 3 倍の波，すなわち 50 Hz×3 = 150 Hz を**第 3 高調波**と呼び（**図 30.1**），この 2 つの波を合成すると**図 30.2** のように波形がひずみます．

このようにひずんだ波形，すなわちサインカーブ以外の波形を**ひずみ波**と呼んでいます．

通常 2 次から 40 ～ 50 次程度までを高調波，それ以上の高周波をノイズとして扱っています．

2．どうして高調波が発生するの？

インバータは，Q28 で勉強したように交流入力電圧を**図 30.3** のような**整流回路**で直流に交換する**コンバータ部**があるため，交流入力電流は写真 30.2 のようなうさぎの耳のような**ひずみ波**と

なります．

すなわち，モータの可変速運転を可能にした，省エネルギー効果の大きい**インバータ**が**高調波**を発生していることになります．

これは，インバータのコンバータ部が整流・平滑動作[※1]することに起因しています．

インバータだけでなく，家電機器や OA 機器で一度直流にするものは**整流回路**を持つため**高調波**が発生します．

3．高調波は悪者なの？

図 30.4 を見てください．まず①**高調波電流**が流れると，配電線や変圧器のインピーダンスによって電圧降下が発生し，それによって②**電源電圧**をひずませます．

その結果，ビルや工場の受電設備の**力率改善用コンデンサ**に③**高調波電流**が集中し過電流になり，④**発熱，異常音，焼損**といった障害を受けます．（文中のマル数字は，図 30.4 に対応しています）

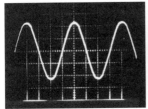
写真 30.1　サインカーブ

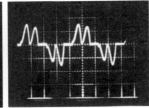
写真 30.2　ひずみ波

4．力率改善用コンデンサが障害を受けるのは？

力率改善用コンデンサ（以下「コンデンサ」という）が高調波障害を受けやすいのは，**コンデンサが高調波を吸収しやすいから**です．

この理由は，**コンデンサのリアクタンスが基本波に比べて，高調波のときのほうが小さくなるため**です．

コンデンサのリアクタンス X〔Ω〕は，周波数を f〔Hz〕，静電容量を C〔F〕とすれば，次式のように表されます．

$$X = \frac{1}{2\pi f C}〔Ω〕 \qquad (30・1)$$

ここで，コンデンサに流れる電流 I〔A〕は，回路の電圧を E〔V〕とすればオームの法則から，

$$I = \frac{E}{X} = \frac{E}{\dfrac{1}{2\pi f C}} = 2\pi f C E〔A〕 \quad (30・2)$$

この式から，**コンデンサに流れる電流は周波数に比例して大きくなる**ことがわかります．すなわち，コンデンサは高調波を吸収しやすいことが理解できたのではないでしょうか．

また，高調波の存在する回路に流れる電流 I_0〔A〕は，例えば**第5高調波電流**を I_5〔A〕とすれば，次式で計算することができます．

$$I_0 = \sqrt{I^2 + I_5^2}〔A〕 > I \qquad (30・3)$$

したがって，コンデンサに流れる電流は，過電流となり障害を受けやすいわけです．

特に従来のコンデンサの付属品である**直列リアクトル**は，**第5高調波**に対する高調波耐量が小さかったため焼損するケースが見られたのです．

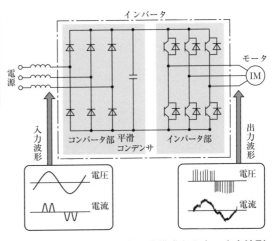
図 30.3　インバータの主回路構成と入力・出力波形

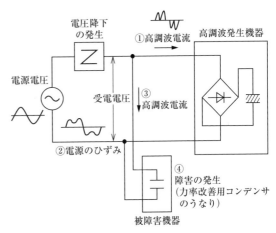
図 30.4　高調波障害

5．高調波対策には？

高調波を出す**インバータ**等の高調波発生側の抑制対策と，高調波で被害を受ける障害対策の二つがあります．

前者の対策にはリアクトルの接続や PWM[※2] コンバータの使用があり，後者の対策には高調波耐量のアップされた**直列リアクトル**を採用します．

(注)※1．平滑：整流して直流に近い成分にしたものをより直流に近づけるために波形を平たんにすること．

　　※2．PWM：Pulse Width Modulation の略でパルス幅変調のこと．

67

MEMO

第2章

実務編

Q31 ビルの電気設備と電気配線は？

A31

「ビルの電気設備」は，ビルの電源設備・照明・動力・通信等の設備で，電気設備には電気配線を通じて電源が供給され，モータを動かし制御可能となる．

解説

ここでは，誰もが知って得する「電気の常識」をご披露します．

これは，現場の実務に必須な知識ですがなかなか教えてもらえない「電気のいろは」です．

図や写真も織り交ぜながら楽しく勉強していきましょう．

ビルは，人間が居住する場ですから，安全のほか，便利な上，快適な環境が提供されていなければなりません．

そのためには，建物という**建築物**だけでなく**設備**があって，その目的を達成するものなのです．

1. 設備と電気設備の関係は？

ビルの設備，すなわち建築設備には，暖冷房や換気を行う**空気調和設備**（以下「空調設備」という）と，給排水や給湯を行う**給排水衛生設備**（以下「衛生設備」という），それに受電設備を含む電源設備，照明・動力・通信設備等の**電気設備**があります．

したがって，**電気設備**はビルの設備の一部と考えてください．

2. 電気設備には？

ビルでは様々な形で電気が利用されていますので数々の**電気設備**があります．

この**電気設備**を電気エネルギーの流れから見てみると，電気エネルギーを供給するための**電源設備**と電気エネルギーを変換して生活に利用する**諸設備**に区分されます．

さらに，この諸設備はエネルギーの大きさが利用される**負荷設備**と，エネルギーの大きさよりそ

の質，すなわち情報の伝送に利用される**弱電設備**の二つに分けることができます（図31.1参照）．

また，**電気設備**を電力関係の**強電**と，それ以外の**弱電**と大きく二つに分けることもできます．

3. 弱電設備にはどんなものがあるか？

弱電設備は，電気エネルギーそのものの量は小さいが，**情報の伝送**等にも利用されます．

この主なものは次のとおりです．

- 電話設備
- 拡声放送設備
- 電気時計設備
- 信号表示設備
- インターホン設備
- テレビ共聴設備
- 自動火災報知設備
- 情報ネットワーク（LAN[※1]）

4. ビルの電気配線は？

ビルの大ざっぱな**電気配線**のイメージは，図31.2のとおりです．

まず，電力会社の**配電線**から架空線または地中線で引き込み（受電），電柱に引込用開閉器が取り付けられて引き込みケーブルにてビル内に入ります．

高圧または特別高圧（Q15参照）で供給を受け

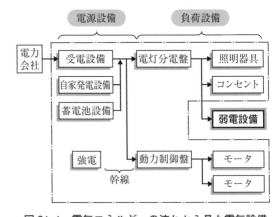

図31.1 **電気エネルギーの流れから見た電気設備**

ることが多いのでふつう**受電設備**（正式には「受変電設備」という）で低圧に降圧して**配電盤**から**使用場所**に送ります.

ビル内各フロアの**使用場所**には，**配電盤**から**幹線**を通じて**電灯分電盤**または**動力制御盤**に，EPS※2と呼ばれるビルの竪方向に位置する電気配線シャフト（**写真31.1**）から配線されます.

なお，**電灯分電盤**または**動力制御盤**からは，盤内分岐回路の**配線用遮断器**から**電気配線**でそれぞれ照明器具，コンセントまたはモータの負荷設備へ送られます.

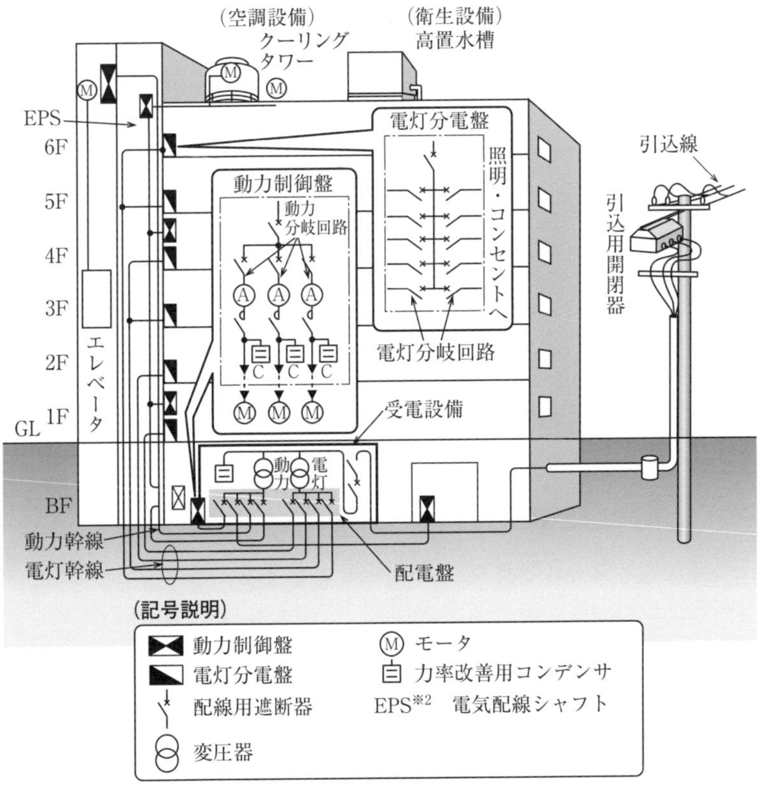

5．電気設備と電気配線の関係は？

電気設備以外の**建築設備**である**空調設備**や**衛生設備**には，ポンプやファンあるいはバルブが多く使用されていますので，モータや電磁弁が設備されます.したがって，建築設備のすべてに**電気設備**は深く関係し，**電気設備**には**電気配線**を通じて電源が供給され，モータを動かし制御が可能になりますから，**電気設備**と**電気配線**は切り離すことができない重要な関係にあることがわかります.

(注)※1．**LAN**：Local Area Network の略で構内情報通信網と呼ばれる.

わかりやすく表現すると，ビル内のオフィスコンピュータ，パソコン等を電話線や光ファイバーケーブルで有機的に結びつけ，単体で使用するのではなく，システムとして効果的に使用する.

※2．**EPS**：Electric Pipe Space の略で電気配線シャフトと呼ばれる.

図31.2　ビルの電気配線（イメージ）

関東電気保安協会「技術プラザ」Vol 78（1995.6）p21，第2図（一部修正）

写真31.1　EPS

通常，地下配電盤から地上階への電気配線が竪方向に立ち上がっており，ほかの部分と耐火構造の壁で区画され，廊下に面する部分は常時閉鎖式の防火戸（点検扉）で区画されている.

Q32 受電設備とは？

A32

「受電設備」とは，ビル内で使用する低圧用機器のため，受電電圧を降下させるために必要な変圧器等の設備である．

解説

ここでは，**電気設備**の中の「**受電設備**」にスポットを当てます．

1．受電設備とは？

受電設備と言えば**写真32.1**のような略称「**キュービクル**」を思い浮かべます．

キュービクルは，正式名を「キュービクル式高圧受電設備」といい，高圧受電設備として使用する機器一式を金属製の外箱に収めたもので，受電箱および配電箱で構成され，受電設備容量4 000 kVA以下が適用範囲となっています（**図32.1**参照）．

写真32.1　キュービクル

キュービクルは，屋内用と屋外用がありますが，ビルに使用されるものは，スペースの有効利用から屋上等に設置されるため，屋外用が多いようです．

なお，**受電設備容量**とは設備容量のことで受電電圧で使用する変圧器，電動機等の合計容量によりkVAで表します．大ざっぱに言うと変圧器容量の合計です．

適用範囲の上限4 000 kVAは，契約電力では2 000 kW程度に相当します．

2．なぜ受電設備が必要か？

新たにビルを建設するとき，設計時点で負荷設備容量から**最大電力（契約電力）**を予測して電力会社と協議すると，**供給約款**（定型化した取引内容）に基づき，最大電力の大きさによって**供給電圧（受電電圧）**が決定します．

すなわち，**最大電力**が50 kW未満なら低圧，50 kW以上2 000 kW未満なら高圧，2 000 kW以上なら**特別高圧**（以下「**特高**」という）です．

この電圧の大きさは，現在10ある電力会社によって多少違いますので，詳細は各電力会社の**供給約款**を参照下さい．

ここで負荷設備容量の大きいところは，電力会社から**高圧**または**特高**で供給されますが，ビル内で使用する照明，事務機器もしくはモータは低圧ですから**受電電圧**を降圧させるために**受電設備**が必要になります．また高圧か特高で受電すると電気事業法の**事業用電気工作物**となり，**主任技術者**が必要になります（**Q49**参照）．

受電箱	電力需給用計器用変成器，主遮断装置等，主として受電用機器一式を収納したもの．
配電箱	変圧器，高圧配電盤，高圧進相コンデンサ，直列リアクトル，低圧配電盤等を収納したもの．

正　面　　　　　側　面

図32.1　キュービクル外観

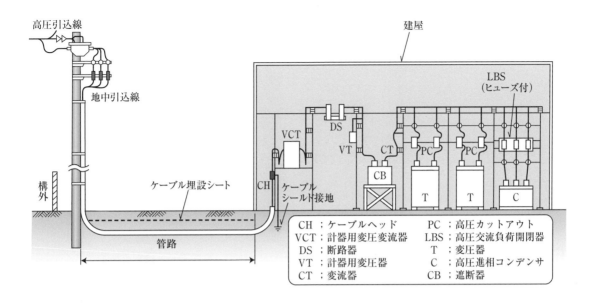

図32.2　受電設備

3．受電設備にはどんな種類があるか？

　受電設備をその設置場所から分類すると，**屋内形**と**屋外形**に分けることができ，さらに受電設備を構成する機器を金属箱に収納しない方式と金属箱に収納する方式がありますので，**開放形**と**閉鎖形**にも分類することができます．

　図32.2 は屋内開放形高圧受電設備の一例で，建屋内にパイプフレームを組み立て，これに機器を取り付けて露出配線を行うものですが，広いスペースを必要とするほか，充電部も露出して危険ですから，最近では採用されなくなってきました．

　閉鎖形には「**キュービクル**」と「**メタルクラッド**」（以下「**メタクラ**」という）の２種類があり，**キュービクル**は機器，母線等を金属製外箱に収めたものですが，**メタクラ**はキュービクル内をさらに母線室，遮断器室といったように接地金属で仕切り，遮断器，VT等の機器を外部に引出すことが可能で，母線そのほかの充電部を隔離できるような構造としたものです（**写真32.2** 参照）．

4．受電設備の構成機器は？

　受電設備は，図32.2でイメージできますが，正式名を**受変電設備**といい，**受電設備＋変電設備**

写真32.2　メタクラ

になります（**受電設備**は略称です）．

　受電設備は，図32.2でVCT，DS，CB，VT，CT，引込ケーブルおよび母線，それに図には現われていませんが保護継電器からなります．

　また**変電設備**は変圧器がメインで，その一次側にLBS，二次側には開閉器（配電盤）を設けて負荷をつなぎます．

Q33 遮断器と保護継電器の役割は？

A33

「遮断器」は，「保護継電器」と組み合わせて過負荷，短絡等の事故時の保護を行う主遮断装置である.

解説

ここでは，受電設備を構成する主要な機器の役割を理解しましょう．その上で主要な機器の図記号を知って，単線結線図上の配置と役割の例題に挑戦して理解度を確認します.

1．遮断器って何のためにある？

次に解説する**保護継電器**との組合せによって，**過負荷，短絡，地絡**その他事故時の保護を行う**主遮断装置**です（過負荷，短絡，地絡は，Q13, 15参照）.

なお，**遮断器**は断路器のあとに設け，その設置点における**短絡電流**以上の遮断電流をもつものとし，VCB（真空遮断器）が用いられることが多いようです.

2．保護継電器の役割は？

主なものは**過電流継電器**（文字記号OCR，**写真33.1**）と**地絡方向継電器**（文字記号DGR）で，前者は変流器（CT）と組み合わせて使用され，過電流や短絡を検出して**遮断器**を動作（**トリップ**）させ，後者は零相変流器（ZCT）と組み合わせて使

写真33.1　過電流継電器

用され，地絡を検出して**遮断器**を動作（トリップ）させます.

すなわち，**保護継電器**は，需要家構内の電線や機器に短絡・地絡等の異常状態が発生した場合にその異常を検出して，被害の軽減をはかり，その事故波及を阻止する役割を持ちます.

3．主要機器の図記号を知ってる？

1999年2月に**電気用図記号**の規格が全面改訂され，JIS C 0301（1990年版）が廃止され，新しくJIS C 0617（1999年版）シリーズが制定されました.

なお，高圧受電設備規程や第1種電気工事士試験もこの新シリーズの図記号が使用されているので，新しい図記号に慣れてください（**図33.1**参照）.

では，次の例題に挑戦してみましょう.

名　称	図記号	名　称	図記号	名　称	図記号	名　称	図記号
ケーブルヘッド		計器用変圧変流器		高圧カットアウト（ヒューズ付）		高圧進相コンデンサ	
変流器		断路器		避雷器		保護継電器 過電流継電器	I>
計器用変圧器（ヒューズ付）		遮断器		電圧計切換スイッチ	VS	地絡方向継電器	I⇊>
零相変流器		変圧器		電流計切換スイッチ	AS	地絡過電流継電器（地絡継電器）	I⇊>

図33.1　図記号

例題33.1　　図は，受電電圧 6 kV の高圧受電設備の単線結線図である．この図に関する各問いには，4 通りの答え（イ，ロ，ハ，ニ）が書いてある．それぞれの問いに対して，答えを 1 つ選びなさい．

〔注〕1．図は，JIS 0617に準拠して示してある．
　　　2．図において，問いに直接関係のない部分等は省略または簡略化してある．

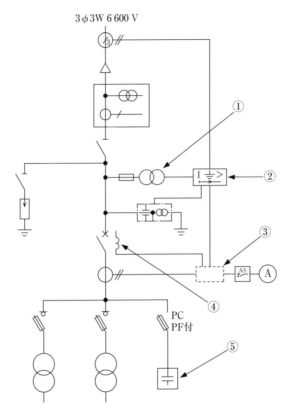

3φ3W 6 600 V

PC
PF付

問　　い	答　え			
(1) ①で示す機器の一次定格電圧〔kV〕と二次定格電圧〔V〕の基準値は．	イ. 6.0〔kV〕105〔V〕	ロ. 6.0〔kV〕110〔V〕	ハ. 6.6〔kV〕105〔V〕	ニ. 6.6〔kV〕110〔V〕
(2) ②に使用する機器の名称は．	イ. 差動継電器	ロ. 地絡方向継電器	ハ. 過電圧継電器	ニ. 過電流継電器
(3) ③の部分に設置する機器のJISに定める図記号は．	イ. I<	ロ. I>	ハ. U<	ニ. U>
(4) ④で示す装置の役目は．	イ. 遮断器をロックする	ロ. 遮断器を遠方操作する	ハ. 遮断器を自動的に引き外す	ニ. 遮断器の温度を測定する
(5) ⑤に取付けることができるコンデンサ容量の最大値〔kvar〕は．	イ. 50	ロ. 75	ハ. 100	ニ. 150

■**解答**　1．①は，計器用変圧器で一次定格電圧は 6.6 kV，二次定格電圧は 110 V です．

2．高圧進相コンデンサの開閉装置は，50 kvar 以下のときは高圧カットアウトが認められます．

正解　(1)—ニ，(2)—ロ，(3)—ロ，(4)—ハ，(5)—イ

「保護継電器整定」とは，保護協調を図るため，保護継電器の具体的な整定値を決めることをいい，感度整定と時限整定の２通りがある．

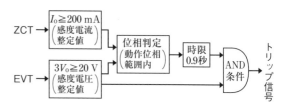

I_0：零相電流，V_0：零相電圧，ZCT：零相変流器，
EVT：接地形計器用変圧器

図34.1　配変の地絡保護システム

解 説

受電設備のまとめとして，保護協調および保護継電器の整定の考え方を学ぶことによって，受電設備の保護システムを理解していただきます．

1．保護協調とは？

保護継電器がいくつかあるとき，動作電流，動作時間を調整して，保護継電器の動作順序を適切に決めることをいいます．

すなわち，電力会社配電用変電所（以下「配変」という）の保護継電器が需要設備構内の短絡，地絡事故に対して受電設備の保護継電器より先に動作すると，配電線の停電となり波及事故につながり，事故が正常に除去されないことになります．

これを防ぐために受電設備と配変の保護継電器は保護協調を図る必要があります．

2．整定とは？

保護協調が確保できるように保護継電器の具体的な設定値（電流，時限，電圧等）を決めることを整定といいます．

なお，整定には動作電流（事故電流）を決める感度整定と，動作時間を決める時限整定の２通りがあります．

3．配電線の保護方式は？

配変の二次側６kV側は，需要家に接続される配電線となります．

この短絡保護には，過電流継電器（以下「OCR」という）を用いた方式が適用され，また，地絡保護には零相電流 I_0 と零相電圧 V_0 を組み合わせて位相判別を行う地絡方向継電器と，さらに零相電圧 V_0 だけで動作する過電圧地絡継電器の動作条件とあわせ，事故回線を遮断させる方式が採用されています（図34.1 参照）．

4．受電用OCRの整定は？[※1]

従来使用されていたのは，誘導円板形の電磁機械型で，反限時要素と瞬時要素の両方を一つの継電器箱に収納していました．現在はデジタル形が主流です．

この反限時要素には，電流整定タップ（以下「タップ」という）と時間整定レバー（以下「レバー」という）があり，タップには最小電流値が刻印され，レバーの目盛板には０～10の目盛があります．目盛10が最大動作時間で，目盛０は動作時間が０になります（写真34.1 参照）．

なお，瞬時要素の整定は連続整定になっており，整定棒を回転させて整定指針を希望の目盛値に合わせることができます．

特に整定の変更に当たっては，CTの二次側開放にならないように図34.2のように予備タップを新しい整定タップ電流値の所にねじ込み，その後に今までの整定電流値のタップのねじを外して，これを予備タップの位置に入れます．

配変と保護協調をとるためには，配変のOCRの動作時間が0.2秒ですから，反限時要素では１秒近いので瞬時要素が不可欠になります．

タップ

レバー

写真 34.1 誘導円板形 OCR のタップとレバー

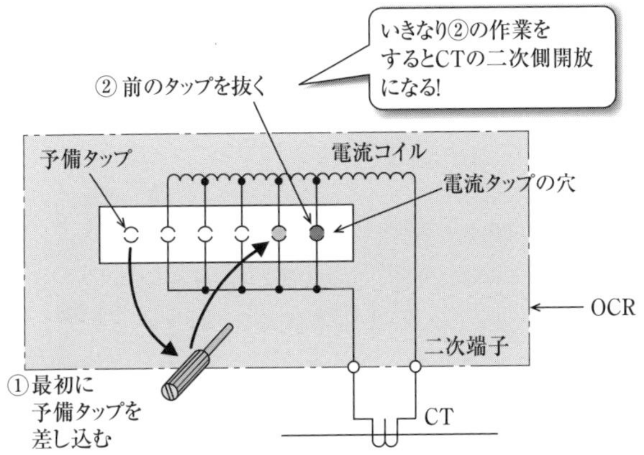

いきなり②の作業を
するとCTの二次側開放
になる！

② 前のタップを抜く

予備タップ

電流コイル

電流タップの穴

OCR

二次端子

CT

① 最初に
予備タップを
差し込む

図 34.2 OCR 電流タップの変更

5．受電用地絡継電器の整定は？^{※2}

配変の地絡保護装置と保護協調をとるには，感

度電流値を配変側と同じ 200 mA とし，時限整定
を 0.2 秒とします．

例題34.1	次の各問いには，4通りの答え（イ，ロ，ハ，ニ）が書いてある．それぞれの問いに対して，答えを1つ選びなさい．

	問 い	答 え
(1)	CB形高圧受電設備と配電用変電所の過電流継電器との保護協調がとれているものは． ただし，図中①の曲線は配電用変電所の過電流継電器動作特性を示し，②の曲線は高圧受電設備の過電流継電器動作特性＋CBの遮断特性を示す．	イ． 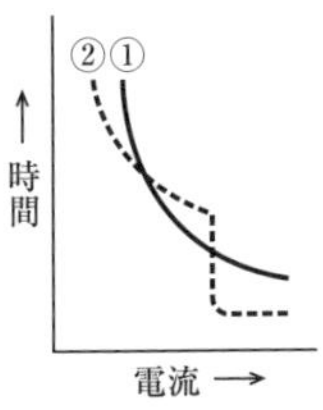 ②① ／ ロ． ①② ／ ハ． ①② ／ ニ． ②① （時間—電流グラフ） 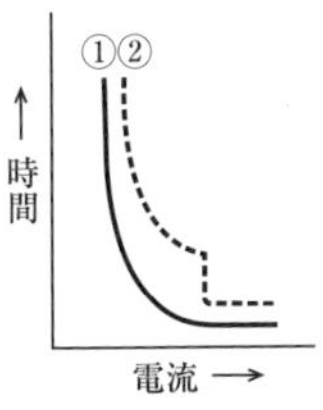 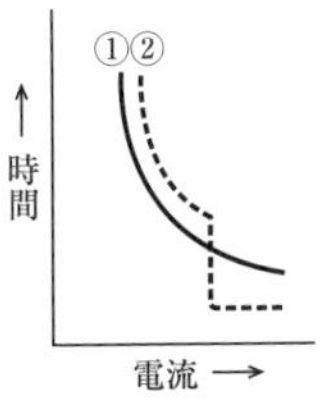 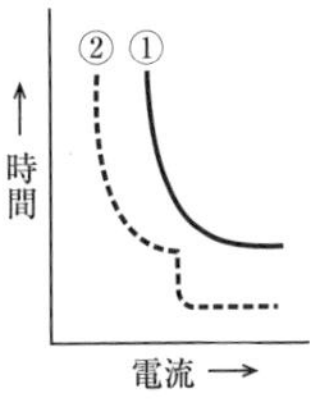
(2)	次の記述の空欄箇所AおよびBにあてはまる語句の組合せとして，正しいものは． 高圧需要家構内の地絡事故による波及事故防止のためには，需要家の遮断装置が配電用変電所の遮断器 ［A］ 動作することが必要である．そのためには一般に，それらの箇所に設置されている地絡継電器の ［B］ に差を設けている．	イ． A よりも早く 　 B 動作時間　　　　ロ． A よりも遅く 　　　　　　　　　　　　 B 動作時間 ハ． A と同時に 　 B 位相特性　　　　ニ． A よりも遅く 　　　　　　　　　　　　 B 位相特性

■解答 （1）—ニ，（2）—イ

（注）※1．※2．一般的な考え方であって，実際
には電力会社との協議事項による．

A35

「配電盤」は，幹線を経て分電盤がある各階各棟へ電気を配り，「分電盤」は，幹線と負荷を結ぶ中間にあり，負荷への配線を集中し保護を兼ねたもの，「制御盤」は，モータを制御する装置である．

解説

ひんぱんに出てくる**配電盤**，**分電盤**および制御盤という用語と，それらの違いを知っておくことにしましょう．

1. 電気配線上の位置

Q31 の図 31.2 の「ビルの電気配線」で立体的に配電盤，分電盤および制御盤の位置がイメージできたのではないでしょうか．

ここでは，**図 35.1** のように幹線系統上で，どの位置にあるかをイメージしていただきたく思います．

なお，**幹線**とは，配電盤から分電盤または制御盤等に至るまでの配線とお考えください．

2. 用語の定義

JEM（日本電機工業会規格）1115-2003 では，「**配電盤**」の意味を，開閉機器と操作・測定・保護・監視・調整の機器とを組み合わせ，さらに内部配線，付属物，支持構造物を備え，一般に，発電・送電・変電・電力変換のシステムを運転する装置の総称としています（**写真 35.1**）．

また，同規格では，「**分電盤**」を分岐過電流保護器を集合して取り付けたもの，分岐開閉器，主開閉器等を併置したものおよび取引用計器，電流制限器の設置場所を設けたものを含む，としています．

さらに日本配電盤工業会に問い合わせたところ，同工業会では，**配電盤**と**分電盤**の明快な定義や区分はないということです．

一般的に**配電盤**は，電気系統の中枢であって，その監視・制御および保護を行うために使用される機器であるから，電気系統と人との仲介を行う

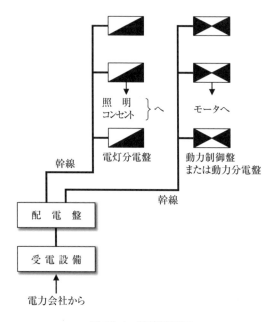

図 35.1　幹線系統図

写真 35.1　低圧配電盤

 もので，分電盤，制御盤および監視盤も配電盤の中に含まれます．

　しかし，これから実務の各論に入ると，ある程度，これらを区分して議論を進めないと前には進めませんので，次のようにイメージとして区分して考えることにします．

3．実務上の区分

　配電盤とは，図35.1のとおり受電設備のある場合，幹線を経て分電盤または制御盤がある各階，各棟へ電気を配る盤のことで，管理するために通常，**計器**が取り付けられていることが多いようです．

　次に分電盤とは，幹線と負荷を結ぶ中間にあって，負荷への配線を集中し，保護を兼ねたもので，主開閉器と，分岐回路保護用ブレーカーと呼ばれる**配線用遮断器**があります．

　なお，分電盤には**電灯分電盤**（**写真35.2**）と**動力分電盤**とがあり，いずれも配線用遮断器が備えられています．

　最後に**制御盤**ですが，これはモータを運転制御する装置で電磁接触器等の開閉器を操作する一種の配電盤です（制御盤の詳細はQ36参照）．

　以上，自家用電気工作物のうち，主にビルをイ

写真35.3　高圧閉鎖配電盤

メージして説明しました．

4．閉鎖配電盤とは？

　大規模なビル，工場では，配電盤をひとつの盤に収納することは不可能で，いくつかに分けられます．

　これを機能上，あるいは主回路電圧から分類すると，**特別高圧閉鎖配電盤**，**高圧閉鎖配電盤**，**低圧閉鎖配電盤**になります（**写真35.3**）．

　なお，閉鎖配電盤は，機器・母線・監視制御盤を収容すると同時に，外部から人が充電部に触れることのないように機械的強度を有し，かつ，電気的に接地された金属箱で構成されます．

　さらに高圧，低圧とも遮断器の収納構造方式として固定形，可搬形，引出し形があります．このうち引出し形が点検上，最も便利であり，操作上の誤りを防ぐため，断路部で電源を絶対入り切りすることのないよう，遮断器がOFFでなければ遮断器を引出しできないようインターロック[1]してあります．

　また，**低圧閉鎖配電盤**は，気中遮断器等のような低圧遮断器を収納した**ロードセンタ**または**パワーセンタ**と呼ばれるものが多いようです．

(注)※1．**インターロック**：扉，機能ユニット，機器等において，ある条件が成立するまで動作を阻止するための装置．

写真35.2　電灯分電盤

実務編

Q36 電磁接触器, サーマルリレーの役割は？

A36

「電磁接触器」と「サーマルリレー」は, 組み合わせて電磁開閉器として, モータの運転停止に使用され, 過負荷運転や単相運転を防止する.

解説

Q35 の「**制御盤**」は, モータを運転制御する装置で, 人間とモータとの間に介在して, 運転操作する役割を持っています.

ここでは, **制御盤**を構成する主な部品とその役割, そして図面の見方を勉強します.

1. 制御盤とコントロールセンタ

制御盤でも低圧電動機の開閉制御および保護を集中制御しようとするものは, 多数のユニットごとにまとめられ, 各ユニットの電磁開閉器と配線用遮断器を組み合わせたものを**コントロールセンタ**と呼んでいます (**写真 36.1**).

2. 配線用遮断器

配線用遮断器は, 交流 600〔V〕以下, または直流 500〔V〕以下の電路の保護に用いる遮断器で, 開閉機構, 引外し装置等を絶縁物の容器内に一体に組み立てたものであり, **写真 36.2** の矢印①が示すものです.

これは, 電源スイッチとして負荷電流の開閉が行えるほか, 過負荷, 短絡の際に自動的に電路を遮断する装置で, 現場ではブレーカーまたは, MCCB と呼ばれています.

3. 電磁接触器とサーマルリレー

電磁接触器と**サーマルリレー** (写真 36.1 の矢印②, ③) は, 組み合わせて使用され, この組み合わせを**電磁開閉器**, あるいは**マグネットスイッチ**と呼んでいます.

モータを運転停止するには, 必ずと言っていいほど**電磁開閉器**が使われているのは, 遠方制御あるいは, 自動運転のためと, モータの過負荷運転や単相運転を防止するためです.

電磁接触器は, 電磁石の吸引力を利用して主接点の開閉を行う機器で, 交流電磁接触器と直流電磁接触器とがあります.

サーマルリレーは, **図 36.1** に示すようにバイメタルとヒータからなる過電流検出部と, バイメタルに応動する接点が内蔵されています.

この動作原理は, 過負荷になったとき, バイメタルのわん曲が大きいと接点が動作して, 電磁接触器のコイルの励磁が無くなって, モータが停止します.

写真 36.1 コントロールセンタ内部

写真 36.2 チラーユニット制御盤

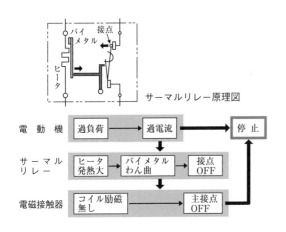

図 36.1　サーマルリレーの原理と動作のしくみ

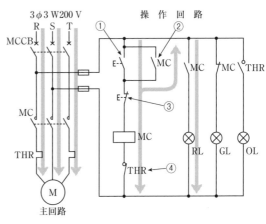

図 36.3　モータの運転停止回路

4．図面の見方

　モータを運転停止する最も簡単な電気回路を表した図を例に，図面の見方を説明します．

　電気用図記号には，**図 36.2** のような日本産業規格 JIS C 0617 が使われます．

　図 36.3 は，モータを押しボタンスイッチで入切する運転停止する回路で，シーケンス制御（以下「シーケンス」という）の動作をする基本的なものです．このシーケンスとは，順序というような意味を持ち，この図面を展開接続図と呼び，電源 OFF の休止状態で書かれ，縦書きの場合は左から右へ信号が流れるものと約束とします．

　まず，①の運転押しボタンスイッチを押すと，そのメーク接点（a 接点）が閉じます．

　その次に，**電磁接触器**のコイル MC に電流が流れ，**電磁接触器** MC が動作します．

　この**電磁接触器** MC が動作すると，主回路にある主接点 MC が閉じて，電動機 M に電源電圧が加わり，始動して運転します．なお，**電磁接触器** MC が動作すると，そのメーク接点②が閉じて**自己保持**するため，①の運転押しボタンスイッチを押す手を離しても**電磁接触器**のコイルに電流は流れたままなので，モータは運転を継続します．

　なお，③は停止押しボタンスイッチ，④は**サーマルリレー**で常時電流が流れています．

機器名	JIS図記号	機器名	JIS図記号	機器名	JIS図記号
押しボタンスイッチ 	(a)　　　(b)　　E-\　　E-\　　(07-07-02)　メーク接点　ブレーク接点　（a接点）　（b接点）	電磁リレー 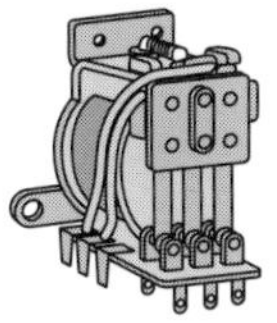	(a)　　(07-02-01)　　(07-15-01)　メーク接点（a接点）　(b)　　(07-02-03)　　(07-15-01)　ブレーク接点（b接点）	配線用遮断器 	遮断機能　(07-13-05)　（3極）複線図
電磁接触器 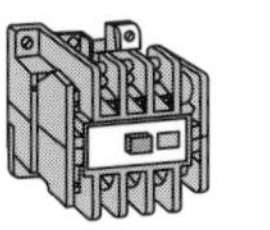	(07-13-02)　　(07-15-01)　メーク接点（a接点）	電動機 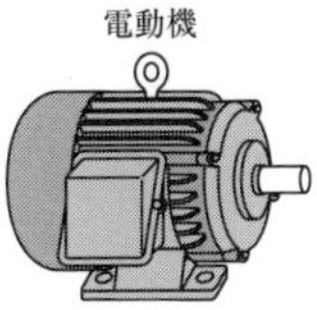	(06-04-01)　〔例〕　電動機　発電機　Ⓜ　Ⓖ	サーマルリレー 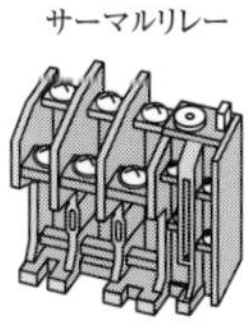	(07-06-02)　メーク接点　（a接点）　(02-13-25)　ブレーク接点　（b接点）

図 36.2　JIS C 0617 電気用図記号（オーム社設備と管理電気用図記号から引用）

実務編

Q 37 タイマの基礎知識は？

A 37

「タイマ」とは，限時リレーのことで，電気式と機械式があり，時間間隔を設けて ON や OFF を行う．

解説

やや複雑なシーケンスにひんぱんに登場する**タイマ**を扱います．

1．タイマって何？

タイマとは**限時リレー**（限時継電器）のことで，**電磁リレー**とは異なり，入力が与えられると，時間間隔を設けてスイッチを入れたり，切ったりするものです．

2．電磁リレーはどんな動作をするの？

図37.1でスイッチSを閉じたとき，電磁リレーのコイルが励磁され，電磁リレーが動作します．

ここで，電磁リレーが動作したとき，閉じる接点を**a接点**，あるいは**メーク接点**といいます．

次にスイッチSを開くと，コイルは非励磁となり，電磁リレーは復帰します．このとき，元の状態に復帰する接点を**b接点**，あるいは**ブレーク接点**といいます．なお，a接点とb接点は互いに相反する動きをします．

ここで電気図面を見る上で大切なことは，シーケンス上の電気図記号は，Q36でも触れたように電気機器および電気回路は，すべて電源が切り離され，休止状態で描かれることに決められています．

3．タイマの種類は？

動作原理から分類すると**電気式**と**機械式**があり，電気式には**CR式**と呼ばれる**電子タイマ**とモータタイマがあります．

次に，タイマを動作機構から分類すると，動作するときに時間遅れがある**限時動作**と，復帰する

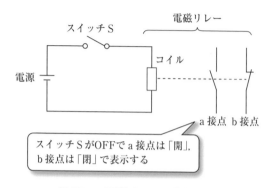

スイッチSがOFFでa接点は「開」，b接点は「閉」で表示する

図 37.1　電磁リレーの動作説明

ときに時間遅れがある**限時復帰**の２種類があります．

これを電気屋さんは，おしゃれに表現し，前者を「**オンディレー**」，後者を「**オフディレー**」と呼ぶことがあります．

4．タイマの接点図記号と動作について

タイマについては，電磁リレーとは異なり，動作するときに**時間遅れ**があるため，**表37.1**のような**電気用図記号**で表します．

表37.1では，JISの**旧記号**（JIS C 0301）に対比させて**新記号**（JIS C 0617）を示しました．また，オンディレーとオフディレーの動作の違いがよくわかるように，**タイムチャート**を示しました．なお，**タイムチャート**は，入力信号が入ったら，出力信号がどのようになるかの時間的変化を図式化して表したものです．

5．タイマの接点図記号をどう読む？

タイマのように開閉接点を有する電気用図記号は，**図37.2**のように**接点記号**に**接点機能記号**を組み合わせて表します．なお，図37.2では例として限時動作a接点を取り上げました．

6．タイマはどのように使用される？

身近な例として，街を走るごみ収集車（以下「収

表37.1　タイマの種類による図記号・動作

タイマの種類		電気用図記号		タイムチャート
		新記号	旧記号	
オンディレー （限時動作）	コイル			電源オン　　オフ　励磁
	a接点			設定時間　動作　開　閉
	b接点			動作　閉　開
オフディレー （限時復帰）	コイル			オン電源オフ　励磁　無励磁
	a接点			復帰　閉　開
	b接点			設定時間　復帰　開　閉

実務編

限時動作
a接点図記号

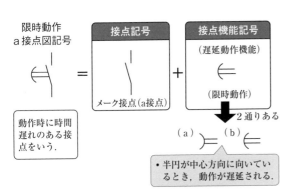

図37.2　接点記号と接点機能記号の組合せ

集車」という）は，家庭からごみを集めるとごみを
処分する清掃工場に向かいます．

　収集車は，清掃工場のごみピットにごみを投入
すると，再び街にごみを集めに向かいます．

　この収集車が清掃工場内のごみピットにごみを
投入したあと，ごみピットのあるプラットホーム
を出ようとするとき，出口扉近くに光電管が設け
られていて，この光電管のビームを遮ると，出口
扉は開くようになっています．

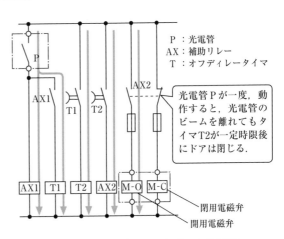

P：光電管
AX：補助リレー
T：オフディレータイマ

光電管Pが一度，動作すると，光電管のビームを離れてもタイマT2が一定時限後にドアは閉じる．

閉用電磁弁
開用電磁弁

図37.3　オフディレータイマの使用例

　このとき，収集車が出口扉にはさまれないよう
にビームから離れても一定時限後にドアが閉じる
ようになっています．ここで使用されるのが**オフ
ディレータイマ**です（図37.3）．

A38

「スターデルタ始動」とは，モータの固定子巻線の接続を，始動時には丫，運転時には△に切り替えることによって始動電流を小さくおさえる減電圧始動法[1]の一つである．

解説

Q36 でモータの直入れ始動（全電圧始動法）における図面の見方，Q37 でタイマの図記号と動作について解説しました．

ここでは，動力であるポンプやファンの回路によく使用されるスターデルタ始動の図面の見方を勉強して簡単なシーケンスを読めるようにします．

1．スターデルタ始動は何のため？

Q23 で「スターデルタ」の目的とその理由について触れていますので，詳細は割愛させていただきますが，モータの固定子巻線の接続を，始動時にはスター（丫），運転時にはデルタ（△）に切換えることによって，始動電流を小さく抑えることができました．

2．モータの口出線は？

3.7 kW 以下の小容量では，直入れ始動のため，図 38.1 のように口出線は 3 本です．

一般に 5.5 kW 以上のモータでは，丫－△始動できるように，図 38.1 のように口出線は 6 本となっています．また，はじめから△結線にして直入れ始動もすることができます．なお，口出線が 12 本のものもありますが，これは 200 V と 400 V の 2 種類の電圧に対応できるものです．

3．モータの結線と端子切換えは？

図 38.1 でわかったように，丫－△始動するためのモータは，合計 6 本の端子が外に出ます．

また，モータの結線は，図 38.2 のようになっていますから，これを丫結線，△結線するためには，同図のように端子切換えを行います．

さらに，モータ内部の 3 つの巻線を△結線，丫結線としたものが図 38.3 です．このように始動時に丫結線，運転時に△結線とするためには，モータの端子箱のところに，各相の巻線の始めと終わりの線，合計 6 本を全部出しておくことが必要です．

4．モータの結線を丫か△に切り換えるには？

丫－△始動には，スターデルタ始動器が使われますが，これには手動式スターデルタ始動器というモータの結線を変更する切替器のようなもの（現在はあまり使われない）とコンタクタ方式といって，電磁接触器 2 個とタイマを用いる図 38.4 のような自動式スターデルタ始動器とがあります．

なお，丫－△始動は，後者が広く使われていますが，これはタイマによる時限制御です．通常のタイマは，b 接点が OFF すると同時に a 接点が ON しますが，この丫－△始動に用いられるタイマは，「丫－△切換タイマ」と称して，b 接点が OFF してから a 接点が ON す

モータ出力	3.7 kW 以下	5.5 kW～37 kW	
口出線本数	3 本	6 本	
端子の接続方法	端子板方式（枠番号63M～132M） V U　W R　S　T 電源	直入始動 U₁ V₂ W₁ U₂ V₁ W₂ R　S　T 電源	スターデルタ始動 V₁ W₂ V₂ W₂ U₁ W₁ U₂ U₁ V₂ W₁ W₂ V₁ U₂ 電源 （スターデルタ始動器）

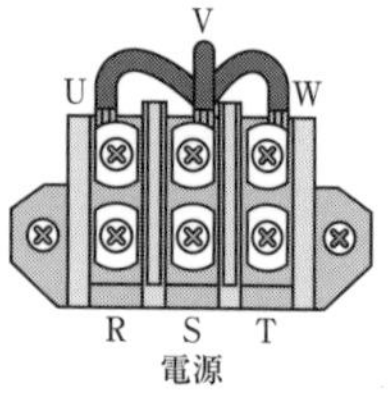

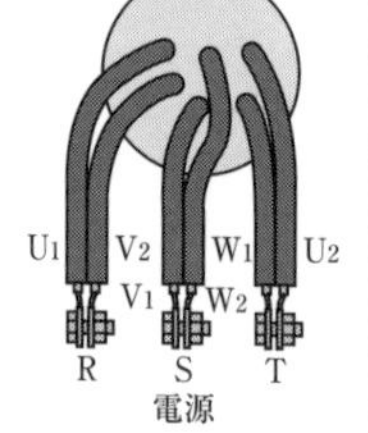

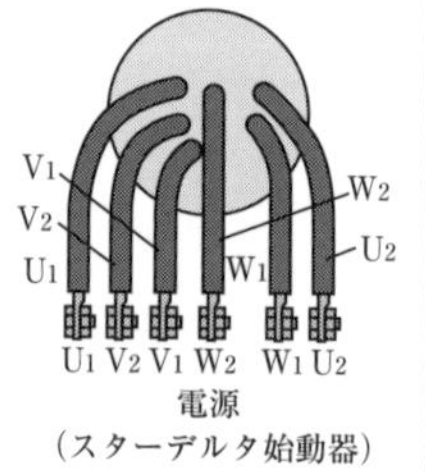

図 38.1　モータの口出線　　（参考）富士電機システムズのモータカタログ

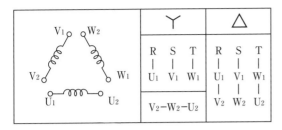

図38.2 モータの結線と端子切換え

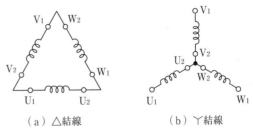

（a）△結線　　　　　（b）丫結線

図38.3 三相のつなぎかた

るまでに 0.2 ～ 0.4 秒の**時間遅れ**を持たせています.

　この目的は，この時間遅れの時間内に丫電磁接触器(以下「**コンタクタ**」という)が切れて，△コンタクタが入るまでに**アークの消滅**，すなわち**短絡防止**のためです.

　図38.4でモータを始動するには，始動用押鈕スイッチPB入を押すと，始動用補助リレーAXが励磁され，PB入と並列接続されている同リレーのa接点AX-aがONするから，PB入を押す手を離しても**自己保持**されます.

　また，同リレーのもう1つのa接点AX-aが閉じるから，タイマTLR，丫用コンタクタMC-丫が励磁され，その主接点MC-丫が閉じ

て，モータは丫**結線**となり，**モータは回転**します.

　このとき，タイマは設定時間がくると，タイマのb接点TLR-bが開路するから，丫用コンタクタMC-丫に電流が流れなくなって，復帰します.多少の時間遅れでそのa接点TLR-aが閉じて，△用コンタクタMC-△が励磁され，その主接点MC-△が閉じて，モータは△**結線**となり，**運転状態**に入ります.

（注）※1．減電圧始動法；Q23 参照.

実務編

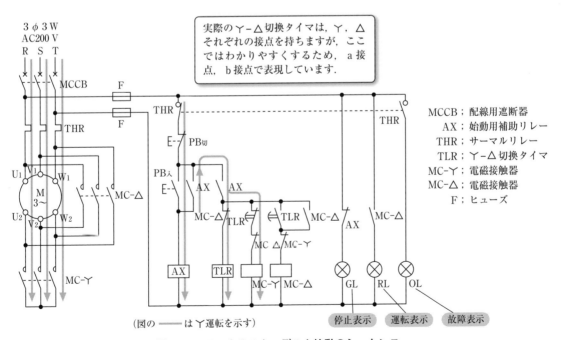

図38.4 モータのスターデルタ始動のシーケンス

A 39

「スターデルタ始動のシーケンス」のポイントは，丫結線と△結線がどのような結線であるかをおさえ，始動時は丫結線，運転時は△結線であることを知ることである．

解 説

Q38 で解説したモータの**スターデルタ始動**の**シーケンス**が読めるかを例題を通して確認します．

ポイント

1．丫結線と△結線がわかるか？

Q23 および Q38 でも丫結線，△結線がどのようなものかについて説明しましたが，ここでもう一度どのような結線かを**図 39.1** に示します．

2．例題 39.1 の図から丫結線，△結線両方の結線を可能にするためには③，④の部分をどのように接続すればよいか？

モータの内部結線は，**図 39.2** のようになっています．次に丫結線とするには，**例題 39.1** の図でMC-丫がON したときなので，同図（a）になるから，▨ の部分をどうすればよいかを考えます．

同様に△結線とするためには，**例題 39.1** の図でMC-△がON したときなので，同図（b）になるから，▨ の部分をどうすればよいかを考えます．

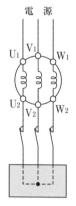
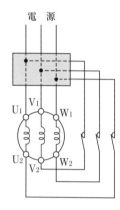

（a）丫結線にするには？　（b）△結線にするには？

図 39.2

解 答

1．ハ　PB入を押さなければ⑥，⑧は動作しません．

2．ロ　THR は，**サーマルリレー**です．
（Q36 参照）

3．イ　**ポイント**−1，2 参照．
ロ，ハ，ニは，それぞれ一相分の巻線を短絡する回路になります．

4．イ　**ポイント**−1，2 参照．

5．イ　接触不良になると接触抵抗が増加する．

6．ロ　Q37，表 37.1 参照．

7．ニ　MC-丫と MC-△が同時に入ると，電源短絡事故となるため，これを防止します．

8．ロ　THR が動作したときです．過負荷で動作するから故障です．

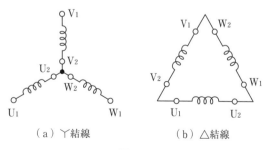

（a）丫結線　　　　（b）△結線

図 39.1

例題39.1　図は，低圧三相誘導電動機の Y–△ 始動制御回路である．この図に関する各問いには，4通りの答え（イ，ロ，ハ，ニ）が示してある．それぞれの問いに対して，答えを1つ選びなさい．

（注）　1．図は，原則としてJIS C 0617-1〜13およびJIS C 0303-2000に準拠して示してある．

　　　　2．図において，問いに直接関係ない部分等は，省略または簡略化してある．

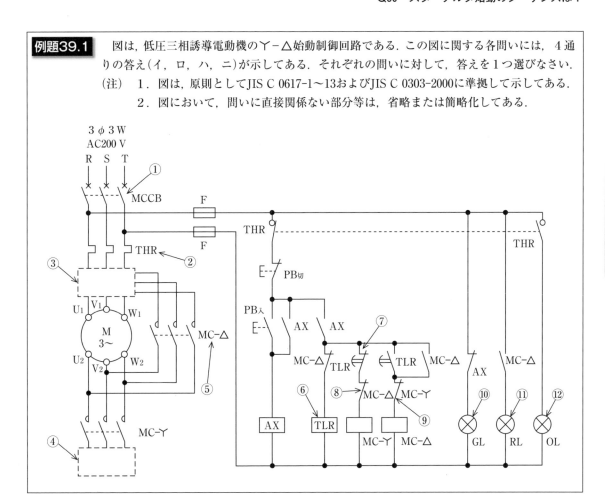

問　い	答			え
1 ①の配線用遮断器を投入すると動作するものは．	イ　⑥が動作する．	ロ　⑧が動作する．	ハ　⑩が点灯する．	ニ　⑪が点灯する．
2 ②のTHRの役目は．	イ　電動機の逆転防止	ロ　電動機の過負荷防止	ハ　電動機の地絡検出	ニ　電動機の寿命判定
3 ③の ⬚ 内の結線は．	イ　U₁ V₁ W₁	ロ　U₁ V₁ W₁	ハ　U₁ V₁ W₁	ニ　U₁ V₁ W₁
4 ④の ⬚ 内の結線は．	イ　U₂ V₂ W₂	ロ　U₂ V₂ W₂	ハ　U₂ V₂ W₂	ニ　U₂ V₂ W₂
5 電動機運転中に⑤の主接点の一相が接触不良になると．	イ　単相運転となって過電流になる．	ロ　そのまま運転を継続する．	ハ　徐々に回転が低下して停止する．	ニ　急停止する．
6 ⑦のb接点の名称は．	イ　瞬時接点	ロ　限時動作接点	ハ　限時復帰接点	ニ　自動動作接点
7 ⑧，⑨の接点の役目は．	イ　自己保持	ロ　Y–△切換	ハ　連動	ニ　インターロック
8 ⑫のランプが点灯するのは．	イ　電動機運転	ロ　電動機故障	ハ　電動機停止	ニ　電動機始動

A40

「スターデルタ始動の２つの方式」とは，小型で経済的な２コンタクタ方式と停止中にモータに常時電圧のかからない３コンタクタ方式である．

解説

モータの**スターデルタ始動**には，コンタクタを２個使う方式と３個使う方式があります．

ここでは，この２つの方式の違いと，モータの**口出線の記号**が以前と変わっていることを説明しておきます．

1．２コンタクタ方式と３コンタクタ方式の比較

三相誘導電動機，平たく言うと三相モータのスターデルタ始動には，**図40.1**のように**２コンタクタ方式**（以下「**２コン**」という）と**３コンタクタ方式**（以下「**３コン**」という）の２つの方式があります．

図40.1（ａ）から**２コン**は，モータ停止中でも配線用遮断器MCCBは常に閉路された状態ですから，モータには常時電圧が印加されていることになります．

したがって，長期間モータが停止中で，設置場所の湿度が高く，塵埃等がある場所では絶縁抵抗が低下（漏れ電流が増加）して**レヤーショート**[1]から焼損に至る危険性があります．

このように長期間にわたってモータが休止している**２コン**では，必ず電源スイッチ（図40.1（ａ）ではMCCB）を切るようにしてください．

このことから，**消防用設備のポンプ**である消火栓ポンプ，スプリンクラー用ポンプおよび冷暖房用設備等のようにモータを長期間停止する用途には，図40.1（ｂ）のようにモータ停止中でもモータに電圧が印加されない**３コン**方式を採用してください．

同図では，電源用コンタクタMCMがモータ停止中ではOFFですから，モータに直接電圧が印加されないことがわかります．

確かに３コンに比べ，２コンは小形で経済的ですが，安全性を考えれば，古い設備でも３コンに改修した方が多少改修費用がかかっても安全であるばかりか，メンテナンスにも手間がかかりません．

2．モータの口出線の記号について

一般に5.5kW以上のモータは，Ｙ−△始動できるように**口出線が6本を標準**としています．

この**口出線の記号**については，Q38，39でも触れましたが，**図40.2**のように大幅に変更になっています．

まず，1991年までのものが口出記号が配列変更され，次にモータもIEC（国際電気標準規格）への整合からJISが改訂され，JEC-2137-2000への改訂となって，図40.2のように従来の**U−Y**，

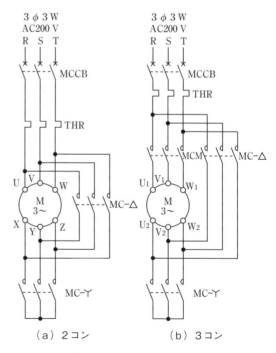

（ａ）２コン　　　（ｂ）３コン

図40.1　２コンと３コン

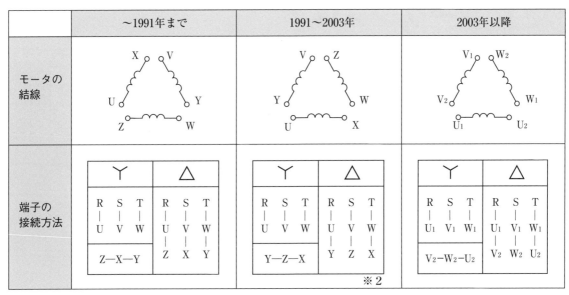

	～1991年まで	1991～2003年	2003年以降
モータの結線	X V U Y Z W	V Z Y W U X	V₁ W₂ V₂ W₁ U₁ U₂
端子の接続方法	Y: R S T / U V W / Z—X—Y　△: R S T / U V W / Z X Y	Y: R S T / U V W / Y—Z—X　△: R S T / U V W / Y Z X ※2	Y: R S T / U₁ V₁ W₁ / V₂—W₂—U₂　△: R S T / U₁ V₁ W₁ / V₂ W₂ U₂

図40.2　モータの結線と端子の接続方法

V–Z, W–X から2002～2003年にかけて U₁–V₂, V₁–W₂, W₁–U₂ と変更されています.

　ここでいう西暦年号は, モータの製造年を示し, 最も新しくなった年は, メーカーによって多少ずれていることに注意してください.

　したがって, 現場でモータの実際の配線に当たっては, 端子箱内の接続銘板を確認してから実施してください.

(注)※1. **レヤーショート**；層間短絡のこと. 地絡に発展するケースもあるが, 巻線の層間のみの絶縁破壊の状態ではわかりずらいこともある. 『電気Q&A 電気設備のトラブル事例』のQ10参照.

※2. Y−△の端子の接続方法：**第1種電気工事士学科試験**では, 図40.2の1991～2003年のものを正解としている.

例題40.1　次の各問いには, 4通りの答え（イ, ロ, ハ, ニ）が書いてある. それぞれの問いに対して, 答えを1つ選びなさい.

	問　い	答		え
1	必要に応じ始動時にスターデルタ始動器を用いる電動機は.	イ. 直流分巻電動機	ロ. 単相誘導電動機	ハ. 三相巻線形誘導電動機　ニ. 三相かご形誘導電動機
2	三相誘導電動機の始動において, 直入れ始動に対しスターデルタ始動器を用いた場合, 正しいものは.	イ. 始動電流が小さくなる.	ロ. 始動トルクが大きくなる.	ハ. 始動時間が短くなる.　ニ. 始動時の巻線に加わる電圧が大きくなる.

■**解答**　1. Y−△始動方式は, 5.5 kW以上の三相かご形誘導電動機に広く用いられ, 巻線形誘導電動機は二次抵抗始動法が用いられています.

　2. 直入れ始動の最大の欠点である始動電流が大きいのを抑えて1/3にしますが同時に始動トルクも1/3になります.

正解　1—ニ, 2—イ

Q41 フロートレス液面リレーの シーケンスは？

A41

「フロートレス液面リレー」とは，使用する液体の導電性を利用し，水位の変化を長さの異なる電極棒で検出し，リレーを動作させポンプを自動運転する液面リレーである．

解説

給排水設備にフロートレス液面リレーを用いた簡単なシーケンスを読めるようにします．

1．給水ポンプの制御とは？

ビルは，水道本管より給水をいったん**受水槽**に貯め，その水を高所にある高置水槽に揚水するための**給水ポンプ**（揚水ポンプともいう）およびその水を貯めておく**高置水槽**の3つが給水設備の主要な設備になります．この高置水槽から給水主管を経て，各階の給水栓等に水が供給されます．

これらの系統をわかりやすく示したのが**図41.1**で，**給水ポンプ**は高置水槽の水位により自動的に始動，停止しています．

2．排水ポンプの制御とは？

ビルには，雨水，雑排水および汚水等を公共下水道に流す前にいったん貯めておく**排水槽**を設けることがあります．

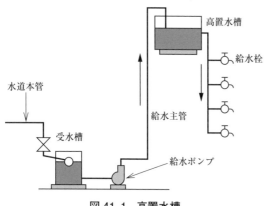

図41.1　高置水槽

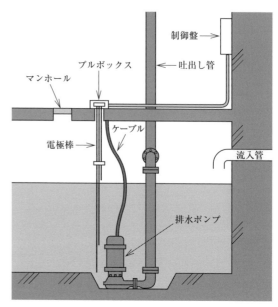

図41.2　排水槽

この排水槽には，**排水ポンプ**が設置されていて，水位によって自動的に始動，停止しています．

これをイメージできるように示したのが**図41.2**です．

3．フロートレス液面リレーとその制御は？

フロートレス液面リレーとは，使用する液体の導電性を利用したもので，長さの異なる電極棒を水槽内に入れて，水位の変化を電極棒で検出してリレーを動作させてポンプを自動運転します．

すなわち，**給水の場合**は，**図41.3**のように水面がE_1に達すると（リレーU動作），ポンプは停止し，E_2以下（リレーU不動作）で始動します．

また，**排水の場合**も，同図のように水面がE_1に達すると（リレーU動作）ポンプは始動し，E_2以下になると（リレーU不動作）停止します（リレーUは，**図41.4**，**41.5**の61F-G参照）．

すなわち，電極棒に8V程度の低い交流電圧を加え，2つの電極棒とも水位があるときに電流が流れ，短い電極棒の水位が下がると電流が流れな

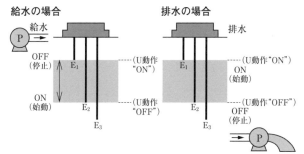

図41.3　フロートレス液面リレーの制御

いようになっています.

4．給水ポンプのシーケンスは？

　図41.4に示すように**フロートレス液面リレー**は，メーカの型式だけで**ブラックボックス**になっていることが多いので，図面を読むには，**メーカーのカタログ**から該当する型番の配線図を自分で見つけて，そのコピーを図面上に貼りつけることがポイントです.

　同図は，**高置水槽**のみが描かれた簡略化されたシーケンスですが，実際の現場では**受水槽**にも電極棒があって，両方の水槽の水位の条件で給水ポンプが運転します.

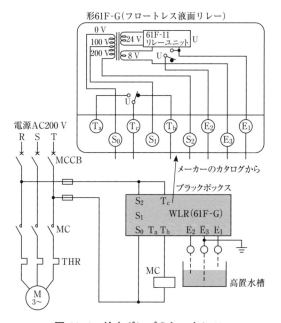

図41.4　給水ポンプのシーケンス

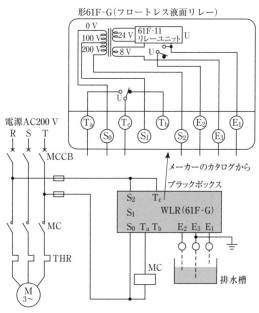

図41.5　排水ポンプのシーケンス

　図41.4では，高置水槽の水位が下がってきて，液面が E_2 以下になると E_3-E_1，E_2 に電流が流れなくなります.　そうすると，T_b-T_c 間が導通し，リレーUが復帰して，コンタクタMCのコイルが励磁され，その主接点が閉じて**給水ポンプ**が運転します.　次に高置水槽の水位が上がって液面 E_1 になると，リレーUが動作して T_b-T_c 間がオープンになるのでコンタクタMCの励磁が解かれ，**給水ポンプ**が停止します.

5．排水ポンプのシーケンスは？

　上記の給水の場合とほぼ同様な考え方ですが，61F-Gの T_a とコンタクタのコイルを接続し，T_b をオープンにすると，上記とは逆の動作で**排水ポンプ**が運転，停止します（図41.5参照）.

実務編

91

A42

「コンセントの種類・区分」とは，総数，電圧および電気容量によって差し込み口の形状が決まり，内線規程により望ましい施設数が決められている.

解説

コンセントに関する知識は，まさに「電気の常識」ですが，これが意外に盲点となって知られていないのです.

ここでは，盲点である電気の常識のコンセントにスポットを当てて話を進めます.

1. コンセントの種類は？

コンセントは，使用する負荷のため差し込み接続して使用します.

このコンセントには，あらかじめ電気器具の位置・容量が決まっていて設計する専用コンセントと，各種の電気器具を使用すると予想して設けておく共用コンセント，すなわち一般コンセントがあります.

したがって，接続して使用する電気器具の容量，取付場所および使用方法によりコンセントの種類を選定することになります.

コンセントは，表42.1のように相数，電圧および電流容量によって差し込み口の形状が決まります.

また，差し込み口の違いにより接地極なしの汎用と接地極付，また，プラグが抜けにくい引掛形，抜け止め形※1もあります.

2. コンセントの必要数と回路区分は？

コンセントは，1か所当たりの想定負荷を150 VAとして，1回路（100 V 20 A）に接続できるコンセント数は，8か所以下です.

また，専用コンセントは，1回路（200 V 20 Aまたは100 V 20 A）に1つ（1か所）とするコンセントです.

なお，住宅における望ましいコンセントの施設数は，内線規程に定められていますので，参考のため表42.2に示します.

3. 接地極付コンセントとは？

内線規程では，次に掲げるコンセントには，接地極付コンセントもしくは接地用端子の付いた接地極付コンセントを用いるか，または接地用端子を設けたもの（図42.1参照）を使用することとされています.

① 電気洗濯機用コンセント
② 電気衣類乾燥機用コンセント

表42.1 コンセントの標準選定例

用途／分岐回路		15 A	20 A 配線用遮断器（〔備考2〕参照）		30 A	備考
単相100 V	汎用	250 V 15 A	125 V 15 A	125 V 20 A		(1) の差し込み穴は，2個同一寸法なので，接地極を区別するときは，注意すること.
	接地極付	125 V 15 A	125 V 15 A	125 V 20 A		(2) 表中，太い線で示した記号は，接地側極として使用するものを示す.
単相200 V	汎用	250 V 15 A	250 V 15 A	250 V 20 A	250 V 30 A	(3) 表中，白抜きで示した記号は，接地極として使用するものを示す.
	接地極付	250 V 15 A	250 V 15 A	250 V 20 A	250 V 30 A	
三相200 V	汎用	250 V 15 A	250 V 15 A	250 V 20 A	250 V 30 A	
	接地極付	250 V 15 A	250 V 15 A	250 V 20 A	250 V 30 A	

（内線規程から引用）

表42.2 住宅におけるコンセント数

部屋の広さ〔m²〕	5 m²（3畳）	7 m²（4.5畳）	10 m²（6畳）	13 m²（8畳）	17 m²（10畳）	台所
望ましい施設数（個）	2以上	2以上	3以上	4以上	5以上	4以上

〔備考1〕コンセントは，1口でも，2口でも，さらに口数の多いものでも1個とみなす.
〔備考2〕コンセントは，2口以上のコンセントを施設するのが望ましい.
〔備考3〕大形電気機械器具の専用コンセント及び換気扇，サーキュレータ，電気時計等の壁上部に取り付ける専用コンセントは，上表には含まない.
〔備考4〕洗面所，便所には，コンセントを施設するのが望ましい.
〔備考5～6〕略

③　電子レンジ用コンセント

④　電気冷蔵庫用コンセント

⑤　電気食器洗い器用コンセント

⑥　電気冷房機用コンセント

⑦　温水洗浄式便座用コンセント

⑧　電気温水器用コンセント

⑨　自動販売機用コンセント

なお，屋外等に施設するコンセント，厨房，台所，洗面所および便所に施設するコンセントも同様に規定されています．また，200 Vコンセント及び医療用電気機械器具用コンセントは，接地極付のものを用いることが規定されています．

ここで，**接地極付差込プラグ**の接地極の刃をほかの刃より長くしてあるのは，コンセントに差し込むとき，接地極をほかの刃より先に接触させ，抜くときはほかの刃より遅く開路させるためです．

（1）接地極付き
　　コンセント

（2）接地用端子の
　　付いた接地極付
　　コンセント

（3）接地用端子の
　　付いたコンセン
　　ト

（参考）日本配線器具工業会からの資料

図 42.1　接地極付きコンセント等の図例

4．コンセントの取付方法は？

内線規程では，**電線の極性標識**が規定されており，非接地側（電圧側）電線は，白色または灰色を使用しないとされているので黒色とし，接地側電線は白色を使用していますので，コンセントの取付方法は，**図 42.2**のとおりとします．

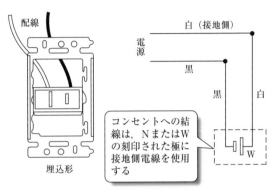

※コンセントは正面から見て，受口の長い方が左側．
　接地側（W）が白色となる．

（参考）オーム社刊　97年版第2種電気工事士技能試験標準解答集

図 42.2　コンセントの取付方法

（注）※1　**引掛形と抜け止め形の違い**；どちらのタイプもプラグをコンセントに差し込んでから回転させると簡単に抜けない構造になっている．違いはプラグ刃で，引掛形はコンセントの穴に刃受と同じ R がつけられているが抜け止め形は一般的な平刃形プラグである．

	問　い	答		え	
		単相100〔V〕	単相200〔V〕	三相200〔V〕	単相200〔V〕
1	コンセントの，使用電圧と刃受の形状の組合せで，誤っているものは．	イ．	ロ．	ハ．	ニ．
		単相200〔V〕	単相100〔V〕	単相100〔V〕	単相200〔V〕
2	コンセントの使用電圧と刃受の極配置の組合せとして，誤っているものは．ただし，コンセントの定格電流は15〔A〕とする．	イ．	ロ．	ハ．	ニ．

例題42.1　次の各問いには，4通りの答え（イ，ロ，ハ，ニ）が書いてある．それぞれの問いに対して，答えを1つ選びなさい．

■**解答**　表42.1参照．少なくとも15 Aの単相100 V，単相200 V及び三相200 Vの3種類について接地極あるなしの形状を覚えておくことが必要です．　　**正解　1—ニ，2—イ**

3路スイッチとは？

A43

「3路スイッチ」とは，照明を2か所で点滅するためのスイッチである．

解説

前項に引続き，電気をより安全に快適に利用するためのインターフェイスの役割を果たしているスイッチ，その中でも私たちに身近な3路スイッチを扱います．

ここでは，この3路スイッチを通して屋内配線工事の電気回路の読取りができることを目的とします．

1．3路スイッチって何？

図43.1の階段照明のように，いくつかの照明を階段下と階段上の2か所で点滅するためのスイッチが3路スイッチと呼ばれるものです．すなわち，照明の2か所点滅のためのスイッチです．

2．3路スイッチってどんなもの？

イメージを図43.2に示しますが，スイッチの表側に●や■印がないものです．

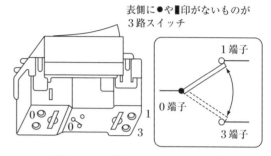

表側に●や■印がないものが
3路スイッチ

図43.2　3路スイッチのイメージ

3．3路スイッチの配線のしかたは？

図43.3のように3路スイッチの1と1，3と3をつなぎます．また，電源からスイッチまでは黒色線で配線します．

4．電気回路の読取りは？

基本パターンの1つである2個の3路スイッチを用いて，2か所点滅回路（図43.4）を例に電気回路を読み取ることを考えます．

これは，以下の3つの手順で行います．

手順1：器具の配置
手順2：関連器具の結線
手順3：電源の接続

図43.4からわかるように，電気回路の読取りとは，単線図から複線図を作ることを意味します．

次の例題43.1を通して3路スイッチの理解を深めましょう．

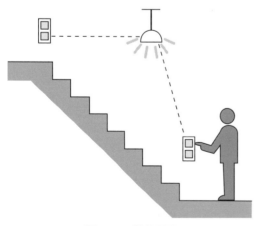

図43.1　階段照明

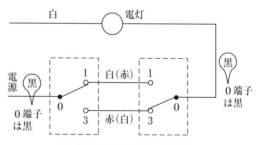

図43.3　3路スイッチ回路

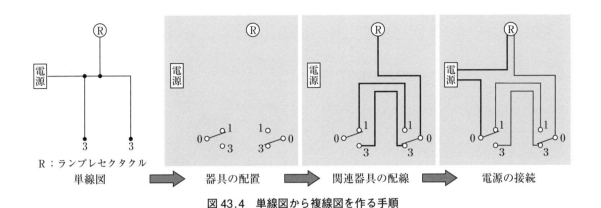

R：ランプレセクタクル

単線図　　　　➡　　　器具の配置　　　➡　　　関連器具の配線　　　➡　　　電源の接続

図43.4　単線図から複線図を作る手順

実
務
編

例題43.1	次の各問いには，4通りの答え（イ，ロ，ハ，ニ）が書いてある．それぞれの問いに対して，答えを1つ選びなさい．

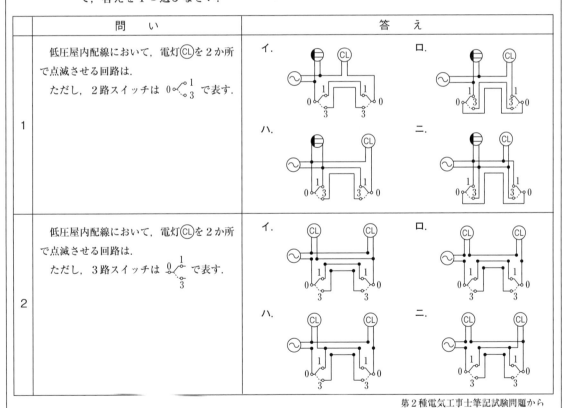

問　い	答　え
1　低圧屋内配線において，電灯CLを2か所で点滅させる回路は． ただし，2路スイッチは 0◦⟋₃¹ で表す．	イ．　　　　　　　　　ロ． ハ．　　　　　　　　　ニ．
2　低圧屋内配線において，電灯CLを2か所で点滅させる回路は． ただし，3路スイッチは ₀⟋¹₃ で表す．	イ．　　　　　　　　　ロ． ハ．　　　　　　　　　ニ．

第2種電気工事士筆記試験問題から

■解答　1—コンセントはスイッチに関係なく電源に並列に接続される．一方，3路スイッチは共通端子0に着目して，電灯から入って電源に帰る．

2—イかロと迷うところですが，ロは電灯CLが電源に対して並列でないので誤り．

正解　1—イ，2—イ

A44

「現場で必要な測定器」とは，「テスタ」（主に電圧と抵抗を測定），「絶縁抵抗計」（電圧の有無，絶縁抵抗の測定），「クランプメータ」（電流および漏れ電流を測定）である．

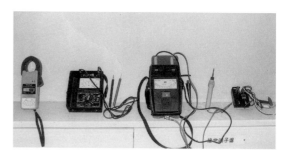

写真 44.1　実務に必要な測定器（左からクランプメータ，テスタ，絶縁抵抗計，検相器）

解説

日常の点検や事故に対応するために欠かせないのが，**測定器**です．

ここでは，実務のメンテナンスになくてはならない**測定器**には何があるか，また，どのように使うかについてノウハウを伝授していきます．なお，個々の**測定器**の使い方の詳細は，メーカーの取扱説明書を参照してください．

1．実務に必要な測定器は，たったの3つ！

筆者は，30年以上にわたりビルと工場のメンテナンスの業務に従事してきました．

その間には，数々のトラブルに直面して，測定器のお世話になってきました．

しかし，**測定器**と言っても現場の実務に必要なものは，**テスタ**，**絶縁抵抗計**および**クランプメータ**の3つです（**写真44.1**）．

なお，欲を言えば，備えておくと便利な測定器は，ほかに**検相器**と**検電器**があります．

リレーテスタ（保護継電器試験器）や接地抵抗計をあげる人もいますが，これらは定期点検，すなわち検査に使用するものですから，常時備えておかなくてもアウトソーシング（外部委託）で解決できます．

したがって，日常のメンテナンスに欠かせない**測定器**は筆者の現場経験から，ここにあげた3つで十分です．

2．テスタはどう使う？

正式名を「**回路計**」といい，一般に「**テスタ**」と呼んでいます．従来からの**アナログ形**と**デジタル形**の2種類があります．

テスタの使い方の前に知っておきたい基礎知識は，次のとおりです．

1）電圧，電流および抵抗を測定できるものですが，現場では**電圧と抵抗の測定**に使っている．

2）テスタの電源は**電池**ですから，寿命があります．必ず測定前に零オーム調整して，**電池の消耗**をチェックすることが大切である（電池がないと零オーム調整が不可能）．

3）接触抵抗やレヤーショート後のモータ巻線抵抗のように**抵抗値が一定しないもの**には，デジタル形は不向きである（数値が読めない．レヤーショートはQ40参照）．

4）**無線機**を使う現場では，アナログ式の指針が無線機に反応するので注意！

テスタはどう使う？

① 電圧レンジ（ACV）にて，「電気がきているかどうか」を測定する．すなわち，検電器代わりの役割を果たす．

② **電圧レンジ（ACV）**にて，三相電圧のバランス，あるいは電圧の値が正常かどうか測定する．

③ 測定しようとする回路の電源を遮断し，電圧がないことを確認してから，**抵抗レンジ**に切り換えて負荷の抵抗を測定する．測定結果から抵抗値がバランスしているか，値が正常かをみる（**図44.1**）．

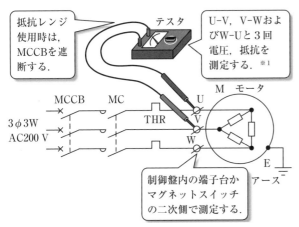

図44.1　テスタの使い方

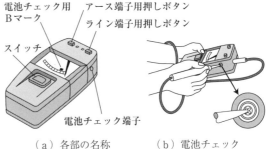

（a）各部の名称　　（b）電池チェック

図44.2　絶縁抵抗計の各部の名称と電池チェック

3．絶縁抵抗計はどう使う？

知っておきたい基礎知識

1）使う前に必ず，ゼロチェックと電池チェックを行う．ゼロチェックは，ライン端子とアース端子のリード線をショートして，スイッチを押して0MΩの指示を確認します．その次に，スイッチを押さないでラインリードを電池チェック端子に触れ，指針が目盛板上のBマーク内にあれば正常である（図44.2（b）参照）．

2）JIS，内線規程では，絶縁抵抗計は，電路の使用電圧と同等か，それ以上の定格測定電圧のものが望ましいとされている．

絶縁抵抗計はどう使う？

① 「電気がきていないこと」，すなわち電圧がないことを確認してから測定する．なお，スイッチを押さなければ絶縁抵抗計は電圧があるかどうかの確認もできる．

② 測定値がおかしいと思ったら，再度電池チェックと測定しようとする接地端子に電圧がのっているかどうかチェックしてみる．

4．クランプメーターはどう使う？

知っておきたい基礎知識

1）使用前に必ず電池のチェックを行うこと．

2）使用後は，電源スイッチをOFFとして電池が消耗しないようにすること．

3）ひずみ波を測定するときは，平均値整流形で

写真44.2　クランプメータの使い方

は正しい値を示さないため，RMS（ルート・ミィーン・スクウェア）対応の真の実効値型を採用する．

クランプメータはどう使う？

① 各相の電流は，電線を1本ずつはさんで測定し，各相電流のバランスと電流値が正常かをみる．

② 電線を一括してはさんで測定すると漏れ電流を測定することになる．ただし，漏れ電流に対応する目盛のものでは数値は読めません．

③ クランプメータは，活線状態のまま低圧の電線被覆の上からはさみ込んで測定するよう作られているため，感電しないよう安全に注意しながら測定する（写真44.2）．

※1．△結線のモータの抵抗値
　　『電気Q&A電気設備のトラブル事例』のQ15（コラム3）参照．

実務編

97

Q45 放電抵抗と放電コイルの違いは？

A45

「放電抵抗」では，放電開始の5分後にコンデンサ端子電圧が50 V以下になり，「放電コイル」では，放電開始の5秒後にコンデンサ端子電圧が50 V以下になる．

解説

ビル，工場の電気設備を管理していく上で盲点となっているコンデンサの付属品についての必要な実務の知識を解説します．

1. 進相コンデンサの接続のしかたは？

自家用需要家の中で圧倒的に多い，高圧受電の**進相コンデンサ**(以下「コンデンサ」という)の接続のしかたを，**図45.1**(a)～(c)の3通りについて考え，その違いを考えてみましょう．

(a)は，**小容量のキュービクル**のような場合で，コンデンサが**常時接続**され，夜間等軽負荷時でもコンデンサを解放していないところもあるようです．

(b)，(c)はコンデンサ容量を3群に分割して，力率に応じて**自動制御**により段階的にコンデンサを投入，あるいは解放する場合です．

ところで(b)と(c)は，同じように見えますが，

その違いは，**放電抵抗と放電コイル**だけです．(c)は放電コイル付きです．

なお，**放電抵抗**はコンデンサに内蔵されていますので，図面上では省略されます．

放電抵抗と**放電コイル**の違いは，設計事務所や大手の電気工事業者の設計の方，また施工の監督でも知らない人もいて，**盲点**になっています．

また，(a)～(c)のいずれにもあるコンデンサと直列に接続されているSRが，**直列リアクトル**と呼ばれるものです．

2. 放電抵抗と放電コイルの違いは？

放電抵抗は，前述のとおりコンデンサに内蔵され，**放電開始の5分後**にコンデンサ端子電圧が50 V以下，**放電コイル**は別置式のもので**放電開始の5秒後**にコンデンサ端子電圧が50 V以下となります(**図45.2**)．

したがって，コンデンサ開放後残留電荷が放電しないうちにコンデンサを再投入すると，コンデンサならびに母線に**過電圧**が発生するので，コンデンサ**開放から再投入**までの間隔は必ず，**放電コイル**の時は5秒以上，**放電抵抗**の時は5分以上とすることが電気設備管理の必須の知識です．

このことから，**自動力率制御**によりひんぱんにコンデンサが再投入される可能性がある場合は，

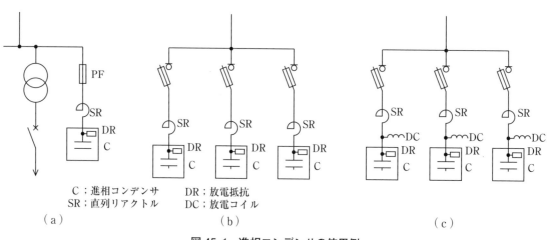

C：進相コンデンサ　　DR：放電抵抗
SR：直列リアクトル　　DC：放電コイル

(a)　　　　　　　　　(b)　　　　　　　　　(c)

図45.1　進相コンデンサの使用例

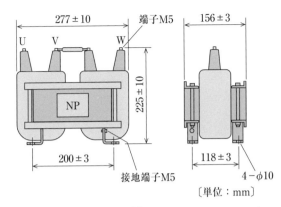

U V W 端子-M5

277±10

225±10

NP

200±3

接地端子-M5

156±3

118±3

4-φ10

〔単位：mm〕

図45.2 放電コイル外観 (ニチコンのカタログから)

放電コイルの使用が必要となることがわかります.

しかし，**放電抵抗**はコンデンサに標準で内蔵され，コンデンサの価格だけとなりますが，**放電コイル**は別置式のものですから，コストアップになります. また，放電コイルは，そのスペースも必要になり，その選択には必要性とコストの両面から検討が必要です.

3. 違いを知らないで失敗した例

請負業者側

筆者が実際に管理してきたビルの話ですが，図面では放電コイルとなっているのに，実際納入されたものは**放電抵抗内蔵**だったので，設計事務所，電気工事業者に指摘したところ，納入したものは放電コイル付であると主張してきました（2つの違いを知らないため）.

ところが筆者は，竣工後2〜3年後にそのことに気づき，指摘したため電気工事業者の監督から時効の主張がありました. また，電気設備の監督官庁であった当時の○○産業省の使用前検査にも合格しており，関係各位のプライドを傷つけることになることを考え，泣く泣く涙を飲んだ苦い経験がありました.

しかし，全く同じことが異なる電気工事業者でも発生しましたが，2回目は一歩も引かず強硬姿勢でこれに対抗し，図面通りに施工させ，竣工前に放電コイル付きに交換してもらいました.

後日，このときの電気工事業者の監督は，

こんなことを指摘されたのは初めてで，（放電抵抗と放電コイルの違いも知らず）この工事は赤字になったと筆者に怒りをぶつけてきたことが思い出されます.

しかし，「**知らぬが仏**」で，筆者が知らなければそのまま放電抵抗内蔵のコンデンサでした！

メンテナンス側

筆者が過日，6万V受電の特高受電の工場の見学をさせていただいたときの話です.

監視盤の進相コンデンサ近くに，「**5分以下の再投入禁止**」の赤字表示の注意書きを見つけたので，「コンデンサで何かトラブルがありましたか？」とおたずねしました.

その答えは，「放電抵抗内蔵のコンデンサをひんぱんに開閉したらコンデンサがパンクした」ので，この表示を出し，5分以上の間隔をとってコンデンサの開閉をしているという. これも**放電コイルを使わなかった失敗例**であるとともに，設計者も，メンテナンス側も**コンデンサに関する知識**が欠けていた例です.

4. 直列リアクトルの役目は？

直列リアクトルの役目は，コンデンサによる**高調波拡大防止**と**突入電流の防止**です.

配電線の高調波ひずみが大きくなっていることから，コンデンサに直列リアクトルを接続することが高調波拡大を防止し，高調波抑制対策になることから，JIS改正により**直列リアクトル**の取付けが原則となりました.

実務編

99

「配線設計の基本」は，「内線規程」を遵守
し，電線の太さと配電用遮断器を決定するこ
とである．

解説

より実務に近いテーマを扱います．まず初めに，
配線設計を取り上げます．

例えば，モータの増設が必要になったとき，自
分で電気配線の設計ができたらどんなにか助かる
のではないでしょうか．

ここでは，難しい設計の理論は別に譲って「電
気Q&A」の読者なら誰でも理解できる配線設計
の考え方を伝授します．

1．配線設計の基本は？

ビルの電気配線のイメージをQ31，Q35で紹
介しましたが，配電盤から幹線を通じて分電盤ま
たは制御盤に至ります．

分岐回路は分電盤または制御盤から負荷への配
線を指し，配線設計とは幹線と分岐回路の設計を
行うことです．また，ここでいう設計は電線の太
さと過電流遮断器，すなわち配線用遮断器（以下
「MCCB」という）を決定することと考えて下さ
い．

2．配線設計のバイブルは？

私たちが配線設計を進めていく上での教本は，
まさに「内線規程」です．

「内線規程」とは，技術基準省令（以下「省令」と
いう）や電気設備の技術基準の解釈（以下「解釈」と
いう）の規程内容を民間が自主的に補完，解説し，
それらと一体となって電気工作物の良好な保安確
保を目指す目的で制定された，自主的な民間規格
です．したがって，「内線規程」の規定内容を遵守
すれば，省令や解釈の規定を遵守し，さらにより
一層の保安確保ができる内容となります．

すなわち，「内線規程」は配線設計のバイブルと
言っても過言ではありません．

3．単相200Vのエアコンを20Aの コンセントから電源供給する場合の 配線設計は？

分岐回路の施設設計として，電線の太さは表
46.1に示す値以上のものとし，MCCBは20A
とします．

20AのMCCB分岐回路において，電気機器用
の受口であるコンセントは20A以下，標準定格
でいうと20Aと15Aのものがこの分岐回路に
接続できます（図46.1参照）．

4．分岐回路の種類とコンセント

「内線規程」では，分岐回路の種類に応じて適正
な容量のコンセント等を接続することを定めてい
ます（表46.1）．

ここで注意を要することは，20Aと30Aの分
岐回路では定格電流が20A未満の差込みプラグ
が接続できるコンセントを除外していることで
す．

これは，図46.1のように，」定格電流が15A
の差込みプラグと20Aの差込みプラグが接続で
きる兼用コンセントを使用しないことを意味しま
す．すなわち，20Aと30Aの分岐回路に使用で

表46.1　分岐回路の施設

分岐回路 の種類	最大使用 電流	接続してよいコン セントの定格電流	電線の太さ の最小
15A	15A	15A以下	直径1.6mm
B20A	20A	20A以下	直径1.6mm
20A	20A	20A	2.0mm
30A	30A	20A以上 30A以下	2.6mm
40A	40A	30A以上 40A以下	8mm²
50A	50A	40A以上 50A以下	14mm²

※　コンセントの個数は規定していない

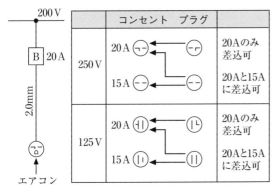

図46.1 200 V20 A コンセントの配線設計

きる20 A 定格のコンセントは，20 A 未満の差込みプラグが挿入できる構造のものは使用できないということです．

5．低圧のコンセント

定格電圧が125 V のものに対しては，15 A および20 A，定格電圧が250 V のものに対しては，15 A，20 A，30 A および50 A の定格電流のものがあります（**Q42** －表42.1参照）．

次の**例題46.1**を通して，分岐回路とコンセントについての理解を深めましょう．

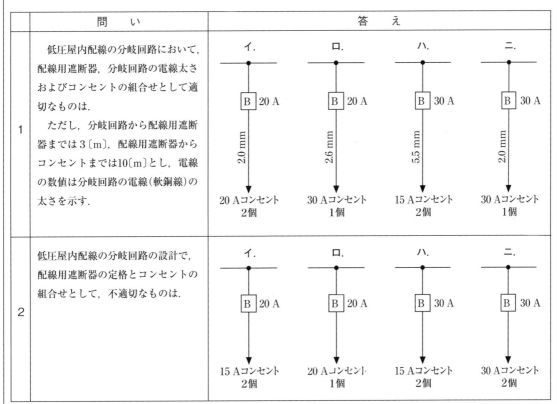

例題46.1 次の各問いには，4通りの答え（イ，ロ，ハ，ニ）が書いてある．それぞれの問いに対して，答えを1つ選びなさい．

問　い	答　え
1　低圧屋内配線の分岐回路において，配線用遮断器，分岐回路の電線太さおよびコンセントの組合せとして適切なものは．ただし，分岐回路から配線用遮断器までは3〔m〕，配線用遮断器からコンセントまでは10〔m〕とし，電線の数値は分岐回路の電線（軟銅線）の太さを示す．	イ． B 20 A 2.0 mm 20 Aコンセント 2個　　ロ． B 20 A 2.6 mm 30 Aコンセント 1個　　ハ． B 30 A 5.5 mm 15 Aコンセント 2個　　ニ． B 30 A 2.0 mm 30 Aコンセント 1個
2　低圧屋内配線の分岐回路の設計で，配線用遮断器の定格とコンセントの組合せとして，不適切なものは．	イ． B 20 A 15 Aコンセント 2個　　ロ． B 20 A 20 Aコンセント 1個　　ハ． B 30 A 15 Aコンセント 2個　　ニ． B 30 A 30 Aコンセント 2個

■**解説** 1—表46.1から30 A 分岐回路の電線太さの最小は，2.6 mm 以上だからニ．は不適切．また，ハ．の**30 A 分岐回路**には20 A 以上30 A 以下のコンセントしか使用できません．2—**30 A 分岐回路**に使用できるコンセントは，20 A 以上30 A 以下です．**正解 1—イ，2—ハ．**

101

「モーターの分岐回路の設計」は，電線太さと過電流遮断器の定格電流を決定する．

解説

ある容量のモータを増設する場合の**電線太さと MCCB の選定**ができるノウハウを学習します．

1．モータの分岐回路の配線設計は？

モータの分岐回路は，幹線から分岐し，この分岐回路でモータを使用します．

したがって，**モータの配線設計は幹線よりも分岐回路の設計**を先に行います．

しかし，モータの**分岐回路の種類**は電灯やコンセントの分岐回路のように MCCB の容量 15 A，20 A，30 A，…とは違い，**モータの定格出力〔kW〕か全負荷電流〔A〕**によって決められます．

このようにモータの分岐回路の種類は，**表47.1**のようにモータの定格出力別または全負荷電流別になります．

2．モータの分岐回路設計の基本は？

電線太さ

モータの定格電流の合計が **50 A を超える場合**は，その定格電流の **1.1 倍**

モータの定格電流の合計が **50 A 以下の場合**は，その定格電流の合計の **1.25 倍**

以上の許容電流のある電線を使用します．

例題 47.1—2 で，$\Sigma I_M = 24$〔A〕で 50〔A〕以下だから，

$$I_W = 1.25I_M + I_H = 1.25 \times 24 + 5$$
$$= 35 〔A〕$$

になり，がいし引き工事の場合の 35 A の許容電流の IV 電線は 2.0 mm

MCCB

電線の許容電流の 2.5 倍以下の MCCB の定格電流 I_B は，

$$I_B \leq 2.5 \times I_W = 2.5 \times 35 = 87.5 〔A〕$$

または，モータの定格電流の合計の 3 倍にほかの定格電流の合計を加えた値以下の MCCB の定格電流 I_B は，

$$I_B \leq 3I_M + I_H = 3 \times 24 + 5 = 77 〔A〕$$

したがって，小さい方の 77〔A〕．しかし実際は，標準定格で **75〔A〕の定格電流**のものを使用します．

3．モータ回路の簡便設計は？

モータの分岐回路の実際の設計は，前項に述べた方法によらないで，**200 V 三相誘導電動機 1 台**の場合の分岐回路の設計を表 47.1 により施設しています．また，この表によれば**内線規程**に適合するものとしています．

したがって，5.5〔kW〕のモータなら表 47.1 から，電線太さはがいし引き工事で 2.0 mm，MCCB は 75〔A〕となって上記結果に一致します．

4．電圧降下と電線太さは？

モータは，定格電圧の ±10 ％の電圧内で支障なく運転できるように設計されています．

しかし，幹線および分岐回路からモータまでの距離が長いと**電圧降下**が大きくなって，末端の電圧が下がり，モータの運転に支障が出ることがあります．今回の例でも，末端までの電圧降下を 2 ％とすると，2.0 mm の電線なら最大こう長が 16 m です．

この**電圧降下の検討**も，配線設計の重要なファクターの 1 つです．次に幹線設計ですが，これは次の例題に挑戦して知識を補足する程度にします．

次の**例題 47.1** を通して幹線設計に関する知識を会得しましょう．

表47.1 200V三相誘導電動機1台の場合の分岐回路（配線用遮断器の場合）（内線規程 3705-1 表引用）

定格出力〔kW〕	（規約電流）全負荷電流	配線の種類による電線太さ						移動電線として使用する場合のコード又はキャブタイヤケーブルの最小太さ	過電流遮断器（配線用遮断器）〔A〕		電動機用超過目盛り電流計の定格電流〔A〕	接地線の最小太さ
		がいし引き配線		電線管，線ぴに3本以下の電線を収める場合及びVVケーブル配線など		CVケーブル配線			じか入れ始動	始動器使用（スターデルタ始動）		
		最小電線	最大こう長	最小電線	最大こう長	最小電線	最大こう長					
		mm	m	mm	m	mm²	m	mm³				mm
0.2	1.8	1.6	144	1.6	144	2	144	0.75	15	—	5	1.6
0.4	3.2	1.6	81	1.6	81	2	81	0.75	15	—	5	1.6
0.75	4.8	1.6	54	1.6	54	2	54	0.75	15	—	5	1.6
1.5	8	1.6	32	1.6	32	2	32	1.25	30	—	10	1.6
2.2	11.1	1.6	23	1.6	23	2	23	2	30	—	10,15	1.6
3.7	17.4	1.6	15	2.0	23	2	15	3.5	50	—	15,20	2.0
5.5	26	2.0	16	5.5mm²	27	3.5	17	5.5	75	40	20	5.5mm²
7.5	34	5.5mm²	20	8	31	5.5	20	8	100	50	30,40	5.5
11	48	8	22	14	37	14	37	14	125	75	60	8
15	65	14	28	22	43	14	28	22	125	100	60,100	8
18.5	79	14	23	38	61	22	36	30	125	125	100	8
22	93	22	30	38	51	22	30	38	150	125	100	8
30	124	38	39	60	62	38	39	60	200	175	150	14
37	152	60	51	100	86	60	51	80	250	225	200	22

〔備考1〕 最大こう長は、末端までの電圧降下を2％とした.

〔備考2〕 「電線管，線ぴに3本以下の電線を収める場合及びVVケーブル配線など」とは、金属管（線ぴ）配線及び合成樹脂管（線ぴ）配線において同一管内に3本以下の電線を収める場合・金属ダクト，フロアダクト又はセルラダクト配線の場合及びVVケーブル配線において心線数が3本以下のものを1条施設する場合（VVケーブルを屈曲がはなはだしく、

2m以下の電線管などに収める場合を含む.）を示した.

〔備考3〕 電動機2台以上を同一回路とする場合は、幹線の表を適用のこと.

〔備考4〕 この表は、一般用の配線用遮断器を使用する場合を示してあるが、電動機保護兼用配線用遮断器（モーターブレーカ）は、電動機の定格出力に適合したものを使用すること.

〔備考5〕 この表の算出根拠は、資料3-7-4を参照のこと.

実務編

例題47.1 次の各問いには，4通りの答え（イ，ロ，ハ，ニ）が書いてある．それぞれの問いに対して，答えを1つ選びなさい.

	問 い	答 え
1	図のように，電動機Ⓜと電熱器Ⓗが幹線に接続されている場合，低圧屋内幹線を保護する①で示す過電流遮断器の定格電流の最大値〔A〕は. ただし，幹線の許容電流は49〔A〕で，需要率は100〔％〕とする. 3φ200V ① 幹線49〔A〕 Ⓜ定格電流10〔A〕 Ⓜ定格電流10〔A〕 Ⓗ定格電流15〔A〕	イ. 50 ロ. 75 ハ. 100 ニ. 150
2	図のような電熱器Ⓗ1台と電動機Ⓜ2台が接続された単相2線式の低圧屋内配線がある．この幹線の太さを決定する根拠となる電流I_W〔A〕と幹線を保護する過電流遮断器の定格電流を決定する根拠となる電流I_D〔A〕の組合せで適切なものは. ただし，需要率は100〔％〕とする. 幹線 Ⓗ5A Ⓜ10A Ⓜ14A	イ. $I_W 29$ $I_B 35$ ロ. $I_W 31$ $I_B 29$ ハ. $I_W 35$ $I_B 77$ ニ. $I_W 77$ $I_B 33$

■**解説** 1—幹線を保護する過電流遮断器の定格電流は，幹線の許容電流の2倍のI_Bは，$I_B = 49 \times 2.5 = 122.5$ A または，$I_B = 3I_M + I_H = 3 \times 20 + 15 = 75$〔A〕，小さい方だから75 A

2—$I_B = 3I_M + I_H = 3 \times 24 + 5 = 77$〔A〕，

$I_W = 1.25I_M + I_H = 1.25 \times 24 + 5 = 35$〔A〕

正解 1—ロ，2—ハ.

読者から寄せられた質問③

本書の中から，**点滅器の配線と配線設計**に関する内容について，読者の方からいくつか質問が寄せられましたので紹介します．

質問

Q1 点滅器の配線は，Q10 の図 10.2（ここでは図A）のように，非接地側とするのがわかりません．点滅器はどちら側にあっても電気の流れには違いないと思うのですが．

Q2 図Bのように，一般的なコンセントのさし込み用の穴の長さが**左右違う**のはどうしてですか？

Q3 Q46 の表 46.1（ここでは**表A**）のように，分岐回路の種類が **20 A** では **2種類**になっています．なぜ 20 A だけ 2 種類あるのでしょうか？

A1 一般家庭でもビルや工場でも，私たちに身近な電気は単相 100 V です．コンセントだけでなく，一般家庭では照明器具もこの単相 100 V を使用します．

ここで単相 100 V は，**単相3線式**（以下「**単3**」という）から得られる単相 200 V と単相 100 V の 2 種類の電圧のうち，後者のことです．

一般家庭であれば電力会社の配電柱上にある柱上変圧器によって，**単3の2種類の電圧**が作られます（コラム 5 の図A参照）．

この変圧器の二次側が単3の配線ですが，図A（コラム 5）のまん中の配線は，電気設備技術基準の解釈により **B種接地工事**が施されています．

すなわち，家庭でもビルや工場でも単相 100 V は，2 本の電線で供給され，片方は接地工事された**接地側電線**，もう片方は**非接地側電線**，あるいは**電圧側電線**といいます（変圧器〜分電盤間は 3 本の配線です）．

では，点滅器の配線はどんな配線でもよいのでしょうか？　図Cのように**点滅器は非接地側に施設**すると，点滅器を切ったときに照明器具のランプを交換するときにも感電しないことがわかります．

したがって，点滅器は**非接地側**とします．なお，内線規程では，接地側電線（中性線の電線）

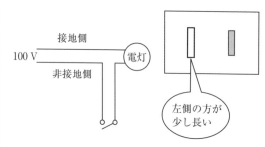

図A　点滅器の配線　　図B　コンセントの穴

表A　分岐回路の施設

分岐回路の種類	最大使用電流	接続してよいコンセントの定格電流	電線の太さの最小
15 A	15 A	15 A以下	⎫ 直径1.6 mm
B20 A	20 A	20 A以下	⎬
20 A	20 A	20 A	2.0 mm
30 A	30 A	20 A以上 30 A以下	2.6 mm
40 A	40 A	30 A以上 40 A以下	8 mm²
50 A	50 A	40 A以上 50 A以下	14 mm²

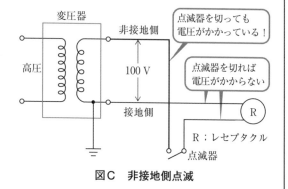

図C　非接地側点滅

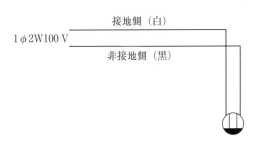

図D　コンセントの結線

は，白色または灰色とするように推奨され，電気工事士の技能試験ではこれを白色，**非接地側**を黒色と決めています．

A2 コンセントの穴の長さを比べると，左側の方が右側に比べて長いことがわかります．

長い左側が接地側，右側が非接地側と区別できるからです．左側の方には**接地側電線**ですから白色の電線，右側の方は**非接地側電線**ですから黒色の電線を接続してください．このコンセントと電線の色別のイメージは，コラム5の図Aを参照してください(**図D**)．

A3 1．20Aの分岐回路の2種類とは？

内線規程3605-8 表「分岐回路に接続する受口の施設」が表Aです．

表AのB20Aが内線規程によれば**20A配線用遮断器分岐回路**，その下の20Aが**20A分岐回路(ヒューズに限る)**です(Bは配線用遮断器のことです)．

ここで，2種類の20A分岐回路の違いは，B20Aが過電流遮断器に**配線用遮断器**を使い，その下の20Aが**ヒューズ**を使用した場合です．また，それぞれ使用できるコンセントは，B20Aは分岐回路の電線に2.0mm以上のものを使用すれば**定格電流20A以下のコンセント**が使用できますから，15A・20A兼用コンセントが使用できます．つまり電線に1.6mmのものを使用すれば，15Aのコンセントに限定されます．しかし，20Aの方は**定格電流20Aのコンセント**に限定され，15A以下のプラグが接続できる20Aコンセントの使用は禁止されています．

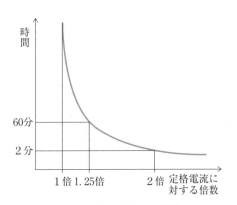

図E　配線用遮断器の特性

2．ヒューズと配線用遮断器の違いは？

過電流遮断器は，低圧では**配線用遮断器**とヒューズのことを指します．では，この2つの違いを説明する前に，ヒューズには動作特性から**A種ヒューズ**と**B種ヒューズ**の2種類あることが内線規程1360-2 ヒューズの規格にあります．

A種ヒューズは定格電流110%の電流で溶断しないこととされ，定格電流30A以下の場合，溶断時間の限度が135%の電流で60分，200%の電流で2分とされています．一方，**B種ヒューズ**は定格電流130%の電流で溶断しないこととされ，定格電流30A以下の場合，溶断時間の限度が160%の電流で60分，200%の電流は同じで2分とされています．なお，カバー付きナイフスイッチやカットアウトスイッチに使うヒューズは**B種ヒューズ**ですから，通常使うヒューズになります．

配線用遮断器は定格電流の1倍で不動作，すなわち自動的に動作しないこととされ，その動作特性は，図Eのようになるから**A種ヒューズ**に近い特性となります．

3．では，20Aだけなぜ2種あるのか？

以上から，通常使うヒューズは**B種ヒューズ**ですから，**15Aのヒューズ**の場合，その1.3倍は15A×1.3 = 19.5Aとなり，これが**20A配線用遮断器**の動作特性に近いものになります．

Q48 ビルの電気設備における安全なメンテナンスの心構えは？

A48

「ビルの電気設備における安全なメンテナンスの心構え」は，心身ともに健康で，整理，整頓，清掃をしっかり行い，理論武装し，協調と連携を大切にすることである．

解説

Q46，Q47 は多少教科書的になりましたが，これ以降は現場の実務に長く従事してきた筆者の体験を織り混ぜながら，電気がおもしろくわかるように話を進めていきます．

電気設備を安全にメンテナンスしていくには，最低限必要な基礎知識と現場の実務知識のほか，次のような心構えが必要と考えています．

1．心身とも健康であること！

西洋の故事に「健全なる精神は健全なる身体に宿る」とあるように，からだが健康であれば，精神（心）も健康であると言われています．

あたりまえのことですが，社会人として生活していく基本は，暴飲暴食を避け，規則正しいリズムある生活を送ることが第一歩です．

2．メンテナンスの基本は3Sである！

整理，整頓，清掃のことを現場では3Sと呼んでいます．

この3Sこそがメンテナンスの基本で，図面，取扱説明書（以下「取説」という），工具，計測器，予備品およびデータは，**整理**，**整頓**されていないと突発故障時等の必要なときに使えず，「宝の持ち腐れ」になってしまいます．

また，電気設備は湿気，ほこりを非常に嫌うことからも，**清掃**の大切さが理解できますね．

3．毎日を積極的に過ごそう！

歌謡曲に「♪……幸せは歩いてこない，だから歩いていくんだよ…一日一歩…」とあるようにメ

ンテナンスも守りではなく，**攻めの姿勢**で取り組んでいきましょう．

トラブルや苦情に対しては，逃げずにできるだけ早く現場に足を運んで対応し，まずお客様（苦情者）の話を聞く態度が大切です．

4．理論武装も重要である！

一昔前まで現場の電気技術は，「先輩の技術を見て盗め！」と言われ，**教えてもらえない**世界でした．

これは，従来の電気技術と言えば，リレーシーケンスが中心で，これでほとんどの現場は対応できたので，先輩たちは教えなかったのでしょう．

しかし，今日ではPLC[※1]，インバータ，コンピューター等技術の進歩が早く，さらには自分で勉強しないとついていけない世界になりました．

「基礎編」で解説した基礎的知識をベースに実務知識，さらには電気に関する最低限の法令の知識，そして電気以外の周辺技術と，私たちの学ぶすそ野は広がっています．

そうなんです！ 電気設備を安全にメンテナンスしていくには理論武装が必要なんです．

そのためには，怠惰な自分にムチ打って，ひととおりの体系的な知識を習得できる，すなわち継続的な勉強ができる国家資格にチャレンジすることがオススメです．

5．協調と連帯が大切！

社会，すなわち職場は人で成り立っています．したがって，人は組織の一員として役割があって，勝手な行動は許されません．

組織の中で生きるには，協調と連帯が大切です．まず挨拶，次に感謝ではないでしょうか．

そして相手に対する思いやり，やさしさを持つことが結果的に自分が大事にされるのです．

社会の中で生きる，すなわち電気のようにとりわけ安全が尊重される職場では，**信頼関係**が大切で**人間関係**が重要視されます．また，世の中，ま

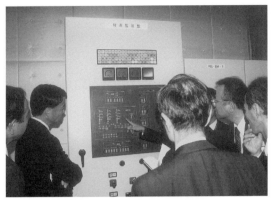

写真 48.1　施設見学会参加

写真 48.2　発電所見学会参加

だまだ人から教えられることも多いのです.

6．技術への投資を忘れるな！

　学校を卒業して社会に入ると卒業がありません. 定年も卒業ではなく, 人生のひと区切りです. 何かの主題歌のように「♪これでいいのだあ〜…」ではありません.

　勉強したことと現場が一致したときの小さな発見を大きな喜びとすることはいいことですが, それで終わったらあなたの成長は止まってしまいます.

　日進月歩で進歩する技術を学んでいくには, 月刊雑誌を購読したり, 講習会や見学会に毎年, 何回か参加することが大切です（**写真 48.1, 48.2**）.

　有給休暇をとって, かつ, 参加費や交通費等費用がかかりますが, この**技術への投資**により思わぬメンテナンス技術が身につき自分を成長させ, 自信につながっていきます.

7．何か夢中にさせてくれるもの？

　仕事しかやることのない人は, 休日にやることがなく, 空しい時間を過ごすことになります.

　休日は, 人を癒すものでなければなりません.

　したがって, 休日にゴロゴロしたり, パチンコ, 競馬もたまにはよいものですが, やはり仕事以外に楽しみを見つけ, 音楽, 絵画等の鑑賞や自然に接して自分を高め, 明日へのエネルギー源とすることです（**写真 48.3**）.

写真 48.3　晩秋の尾瀬を歩く

（注）※1　**PLC**；プログラマブル・ロジック・コントローラの略. PC, シーケンサーとも呼ばれ, リレー, タイマ, カウンタ等の機能が装置の中に組み込まれたもので, マイクロコンピュータを利用したシーケンス制御専用の電子装置.

Q49 電気設備の維持管理上の法令知識は？

A49

「電気設備の維持管理上必要な法令知識」とは，電気事業法，電気用品安全法，電気工事士法や省エネルギー法等である．

解説

電気設備を管理する上で**必要最小限の知識とも言うべき電気に関する法令**を扱います．

電気に関する法令のうち**現場で必要とする知識**は，これだけと表にまとめて示してありますのでわかりやすく興味の持てる内容になっています．

1. 電気設備を維持管理するのに必要な法令は？

電気設備を安全にメンテナンスしていくためには，**電気保安に関する法令**のうち，代表的なものを知る必要があります（**表 49.1** 参照）．

ひと昔前ならこれだけで足りたのですが，今日では地球温暖化問題への対応等のため，国家的見地から**省エネルギー**の一層強化が必要になりました．

したがって，電気設備の維持管理には，**省エネルギー**に関する法令の知識も要求されます．

2. 電気工作物と資格の関係は？

まず電気保安に関する法令の基本は，**電気事業法**です．これは，**表 49.2** のように電気事業用，自家用，小規模事業用（以上の3つをまとめて「**事業用電気工作物**」という）および一般用の4つの電気工作物に区分されています．

このうち**事業用電気工作物**には，**電気主任技術者**（以下「**主任技術者**」という）の資格が必要とされます．

さらに**主任技術者**の資格は，同じ自家用電気工作物であっても**受電電圧**によって**表 49.3** のように3種類あります．なお，ビル，工場は一般に**需要設備**に該当しますが常時，発電しているところは発電所の扱いを受けます．

このため，**主任技術者**という有資格者が選任され，**保安規程**という施設の規模によって定めた自主基準によって保安管理されています．

3. 電気工事と資格の関係は？

一般用電気工作物等と自家用電気工作物のうち最大電力 500 kW 未満の需要設備の電気工事には**表 49.4** のように**電気工事士**の資格が必要とされています．なお，この電気工事士の資格には2種類あって，後者では第一種の資格が必要になります．

表 49.1　電気保安に関する主な法体系

電気事業法	電気事業法施行令	電気事業法施行規則
		電気事業法関係手数料規則
		電気関係報告規則
		電気使用制限等規則
		電気事業法の規定に基づく主任技術者の資格等に関する省令
		電気設備に関する技術基準を定める省令
		発電用水力設備に関する技術基準を定める省令
		発電用火力設備に関する技術基準を定める省令
電気用品安全法	電気用品安全法施行令	電気用品安全法施行規則
	電気用品安全法関係手数料令	電気用品の技術上の基準を定める省令
電気工事士法	電気工事士法施行令	電気工事士法施行規則
労働安全衛生法		労働安全衛生規則
消防法	火災予防条例	火災予防条例施行規則

表 49.2　資格の必要な電気工作物の範囲と資格の概要

電気工作物					
事業用電気工作物					一般用電気工作物
電気事業用電気工作物	自家用電気工作物			小規模事業用電気工作物	一般住宅や小規模な店舗，事業所等の電圧600 V以下で受電する場所の配線や電気使用設備等
		需要設備			
電気事業者の発電所，変電所，送電線路，配電線路等	工場等の需要設備以外の発電所，変電所等	最大電力500 kW以上のもの	最大電力500 kW未満のもの	太陽光10 kW以上50 kW未満風力20 kW未満	
電気工作物の保安の監督者として電気主任技術者の有資格者が必要				電気工事を行うのに電気工事士等の資格が必要	

108

表 49.3　電気主任技術者の資格と範囲

事業用電気工作物		
電圧が17万V以上の電気工作物	電圧が5万V以上17万V未満の電気工作物	電圧が5万V未満の電気工作物（出力5千kW以上の発電所を除く.）
例）上記電圧の発電所，変電所，送配電線路や電気事業者から上記電圧で受電する工場，ビル等の需要設備	例）上記電圧の5千kW未満の発電所や電気事業者から上記電圧で受電する工場，ビル等の需要設備	
		第三種電気主任技術者
	第二種電気主任技術者	
第一種電気主任技術者		

表 49.4　電気工事の範囲と資格

	一般用電気工作物等	
自家用電気工作物で最大電力500kW未満の需要設備（工場，ビル等の電気設備）	小規模事業用電気工作物（太陽光10kW以上50kW未満，風力20kW未満）	一般用電気工作物（住宅，小規模な店舗等の電気設備，小規模発電設備*)
	第二種電気工事士	
第一種電気工事士		

(注)ビルは，需要設備に該当し，需要設備とは受電設備，配線，負荷設備や電気を使用する設備の総称です.
＊太陽光10kW未満，水力20kW未満，内燃力10kW未満ほか（従来の小出力発電設備）
〈参考〉表49.2〜49.4　電気技術者試験センターホームページ

4．使用する電気用品について

　ビルの電気の保安を確保するため，使用する電気工事の材料（**電気用品**）についても規制されています.

　すなわち，表49.1中にある「**電気用品安全法**」という法令によって自家用電気工作物設置者，電気工事士は，この法令の規定による**表示**「〈PS〉, 〈PS〉」があるものでなければ工事に使用してはならないとされています.

5．消防法と電気保安の関係は？

　電気設備の電気保安に関する維持管理は，電気事業法に基づく主任技術者が，**保安規程**に基づいて実施されますが，**消防法**に基づく**火災予防条例**でも電気設備の点検，絶縁抵抗等測定および記録が義務づけられています.

　しかし，**消防法**による電気設備の管理は，**保安**

表 49.5　エネルギー管理指定工場と省エネ法

指定工場の区分	年間エネルギーの使用量	業　種	
		定期の報告	
第1種エネルギー管理指定工場	熱と電気を合算して原油換算3 000 kl以上	5業種製造業 ガス供給業 鉱業 熱供給業 電気供給業	左記のほかにすべての業種例えば事務所，デパート，ホテル，病院等
		エネルギー管理者の選任（エネルギー管理士有資格者）中・長期計画作成・提出	エネルギー管理者の選任（有資格者*のほかエネルギー管理員）中長期計画作成・提出（中長期計画作成時の有資格者参画）
第2種エネルギー管理指定工場	熱と電気を合算して原油換算1 500 kl以上3 000 kl未満	● エネルギー管理員の選任 ● エネルギー使用量等の定期の報告	

＊ここでいう有資格者はエネルギー管理士を指します.

規程に基づいて実施した結果および記録でこれに代えることができるとされています.

　実際，現場での電気設備の官公庁の立入検査は竣工後は，大規模な改造工事でもなければほとんどありません.あると言えば，**消防法**による立入検査，いわゆる**査察**くらいで，この対応は平素から保安規程に基づく電気保安さえ十分であれば事足りるものと考えられます.

6．省エネ法と資格の関係は？

　省エネ法は，正式名を「エネルギーの使用の合理化に関する法律」といい，平成20年5月に改正され，平成22年4月1日から施行されました.

　これまでの工場・事業場単位から**企業単位**となり，フランチャイズチェーンも**特定連鎖化事業者**として規制の対象となり，エネルギー使用量の合計が年間1 500 kl（原油換算）以上なら**特定事業者**の指定を受けて，**エネルギー管理**が義務づけられます.すなわち，中長期報告・定期報告のほか**エネルギー管理統括者**，それを補佐する**エネルギー管理企画推進者**の専任が義務づけられました.

　なお，従来の**エネルギー管理指定工場**は，表49.5のとおりエネルギー使用量によって第一種，第二種に区分され，引き続き**エネルギー管理者**，または**エネルギー管理員**の選任等が必要です.

109

A50

「ビルの電気設備と省エネルギー」では，エネルギー政策として省エネの要求に対し，力率改善，不要電力の消灯，空調のインバータ化や設定温度等を行う．

解説

ここでは電気設備の**省エネルギー**を扱います．

省エネルギーを考えるには，まずエネルギー消費量を分析することからスタートします．

例えば，事務所ビルは，**図50.1**のとおりエネルギー消費量が照明・空調等に限定されていることから，この2つの**省エネルギー**に関する知識が要求されます．

したがって，この2つに絞って**省エネルギー**対策を進めればよいことになります．

1．省エネの必要性は？

わが国は，全エネルギーの輸入依存度が9割近くもあり，供給構造から国家安全上，極めて弱い体質にあるため，**省エネ**を実施してきました．

さらに**地球温暖化問題**の対応ではCO_2排出量の約8割がエネルギー起源であることから，エネルギー政策としても**省エネ**が要求されています．

なお，電気設備の**省エネ**の結果は，**電気料金**の低減という形で現れます．

2．電気料金の体系を知っているか？

電気料金は，次のように**契約電力**（kW）と**力率**で決まる**基本料金**と，**使用電力量**（kW・h）で決まる**電力量料金**（使用料金）からなります．

> 電気料金＝基本料金＋使用料金＋消費税
>
> (50・1)
>
> 基本料金＝契約**電力**(kW) × 料金単価
> (円/kW)
>
> $\times \dfrac{185 - \text{力率}}{100}$ (50・2)
>
> 使用料金＝**使用電力量**(kW・h) × 料金単価
> (円/kW・h)
>
> (50・3)
>
> 消費税※＝(基本料金＋使用料金)×0.1
>
> (50・4)
>
> ※ 令和2年1月現在

以上から，電気設備の**省エネ**を進めていくには，

1）**kW を引き下げる**

2）**力率をよくする**

3）**kW・h を減らす**

が基本になります．

3．kW を下げるには？

電気料金の基本料金は，**契約電力**で決まるので，**最大電力を抑制**すればよいことになります．

では，**最大電力を抑制**するにはどうしたらいいでしょうか．

それには，電気供給側である電力会社と，消費者である需要家の間で取り決めた**契約電力**内で電気を使用しているかどうかを判断することを目的として設置された**最大需要電力計（デマンドメータ）**が，**契約電力**を超えないよう監視する必要があります．これを現場では，**デマンド管理**といいます．

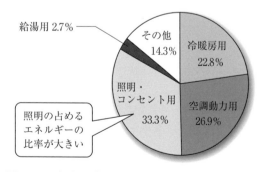

図50.1 事務所ビルの用途別エネルギー消費量比率
各種建物のエネルギー消費量などの調査結果
（社）空気調和・衛生工学会 第58巻第11号より

この目的を実現するための機器が**デマンド監視装置**です．

このためには，すべての負荷が同時起動しないようにするとか，**最大電力**を発生する機器の運転状況を見直す等**負荷の平準化**を図ることが必要です．

4．力率をよくするには？

式（50・2）から，**基本料金**は**力率**（Q3 参照）を改善させた分だけ割引きする制度ですから，**力率の管理**が省エネでは重要です（力率改善については Q6 参照）．

なお，**基本料金**は式（50・2）のとおり**力率 85 %**のときの料金を基準として，**力率**が 90 %なら，

$$\frac{185 - 90}{100} = \frac{95}{100} = 0.95$$

となるから 5 %の割引きとなります．

すなわち，**力率**は 85 %を基準に 1 %上回ればその分だけ**基本料金**が割引きされ，逆に**力率**が 85 %を下回ると**基本料金**は割増しされます．

では，**力率**をよくするにはどうしたらいいでしょうか．

そうです！　Q6 で勉強したとおり，**力率改善用コンデンサ**を接続してコンデンサの電流を流せばよいのです．

そして，**力率**がよくなると**図 50.2** のように電流が減少するから**線路損失（電力損失）**も減少し，この点からも**省エネ**になります（電力損失については Q17 参照）．

5．kW・h を減らすには？

使用電力量 kW・h ＝ kW×h ですから，これを減らすには電力 kW か使用時間 h を減らせばよいことになります．

現実的には，空調の運転時間や照明の点灯時間を短縮することが**省エネ**になります．

6．具体的な省エネの方法とは？

建物設計時に考慮することと，建物竣工後の運用時に考慮することの 2 通りがあります．

照 明

白熱ランプを同じ口金で使用可能な**電球型けい光ランプ**や **LED ランプ**に交換するだけで，W数を大幅に下げられます．

そのほか，簡単にできることは昼休みや空室時の消灯，晴天時の日中窓際照明の消灯等，**不要照明の消灯**によって省エネが可能です．

さらに照明の省エネを進めるには，Q29 で勉強した**インバータけい光灯器具**のほか，LED 照明器具の採用等を検討すれば可能ですが，工事費がかかります．

空 調

実験データ[1]によると，室内設定温度 1 ℃の変化で空調エネルギーが冷房時には約 10 %，暖房時には約 13 %増減します．

したがって，**設定温度**を夏期は高めに，冬期は低めに設定することが省エネにつながります．

さらに空調の省エネを進めるには，ポンプやファン用モータの**インバータ化**を検討することが必要になります（インバータは，Q28 参照）．

（注）※ 1．（財）住宅・建築省エネルギー機構「省エネルギーハンドブック 93」参照．

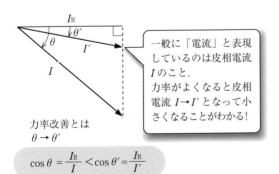

一般に「電流」と表現しているのは皮相電流 I のこと．
力率がよくなると皮相電流 $I→I'$ となって小さくなることがわかる！

力率改善とは
$\theta → \theta'$

$$\cos \theta = \frac{I_R}{I} < \cos \theta' = \frac{I_R}{I'}$$

図 50.2　力率がよくなると？

Q51 現場で使える測定器の知識とは？

A51

「現場で使える測定器の知識」とは，クランプメータとテスタ，絶縁抵抗計を利用しながら，問題を解決していくことである．

解説

次の３つの**トラブル事例**を通して，「**現場で使える測定器の知識**」を習得します．
1. 単相３線式(以下「単３」という)**回路の過電流**
2. **単３回路の漏電**
3. モータの過電流

1. 単３回路の過電流では？

図51.1のように，事務所ビル電灯分電盤へ供給する電気室配電盤主幹電灯ELBが過電流でトリップした．測定器をどのように使って解決する？

測定器の知識

① まず，主幹電灯ELB (以下「ELB」という)のトリップの原因が漏電か過電流かを，ELB本体の漏電表示ボタンが飛び出しているか否かで判断する．今回は，**漏電表示ボタンが飛び出していない**ため，「**過電流**」でトリップしたと判断しました．

② 次に，ELBを再投入してみて，実際に**クランプメータ**で図51.1のように各相ごとに**電流を測定**します．その結果，R相→30〔A〕，N相→28〔A〕，T相→62〔A〕でした (T相過電流).

③ **クランプメータ**で各相の電流を測定した結果，単３負荷の**アンバランス**が原因であることが判明しました．これは，N相(中性線)の電流がかなり流れていることでわかります (正常ならN相の電流は，ほぼ零．**Q9**参照).

④ 負荷が**T相**に偏っていることから，1Fおよび2F分電盤の負荷のうち，それぞれ２本ずつR相とT相の負荷を入れ替えました．その結果，再び電流を測定すると，R相→47〔A〕，N相→4〔A〕，T相→46〔A〕となり，負荷がほぼバランスしました．その後，ELBの過電流トリップは，全く発生しなくなりました．

このように**クランプメータ**は，活線状態の**負荷電流を測定**できることから，メンテナンスには欠かせない測定器の一つであることがわかります．

注意事項

① 今回は，ELBを再投入して各相の電流を測定しましたが，ELB本体，すなわち開閉器自体の不具合で過電流と同様にトリップすることがあります．したがって，**テスタ**でELB二次側の電圧を測定することも必要です．すなわち，ELB本体の**内部発熱**があるなら，R-N，T-N，R-T間の電圧の一部に低下が見られます (『電気Q&A 電気設備のトラブル事例』のQ32参照).

② ELB再投入後，再びトリップして電流の測定ができない場合は，**短絡のおそれ**もあります．

③ **クランプメータ**は，低圧回路の被覆線の上から測定するように作られているので，銅バー等**充電部が露出**しているものの測定は**感電の危険**があるため避けてください．

2. 単３回路の漏電では？

図51.1のような電灯分電盤へ供給する配電盤主幹ELBが，漏電でトリップした．測定器をどのように使って解決する？

漏電時の対応について動力回路，すなわち三相３線式については，『電気Q&A 電気設備のトラブル事例』のQ1で取り上げています．

また，**Q12**で絶縁不良が発生しているときは，**漏電**が発生していることも理解できました．

ここでは，**単３回路特有の知識**がないと，漏電調査のための「**正しい絶縁抵抗測定**」ができないこ

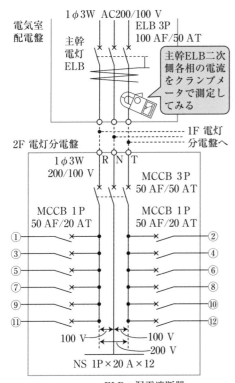

図 51.1　単 3 回路の過電流の対応

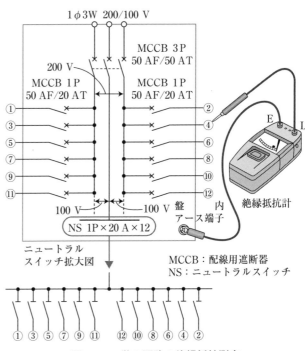

図 51.2　単 3 回路の絶縁抵抗測定

とを説明します．

単 3 回路特有の知識

① 　**中性線**にはヒューズを施設してはならないことが，**電技解釈および内線規程**で定められています．

② 　上記の記述とは裏腹に，基本的には MCCB は，**電路の各極**に施設することとされています．

③ 　単 3 回路の**中性線**にも，ただし書きで MCCB を施設してよいとされるのは，MCCB の**各極が同時に開路されるか，中性線がほかの極より遅く開路**（閉路時には先に接続）するときは，**中性線に素子を設けてもよい**とされています．

④ 　単 3 回路の 100 V に使う分岐回路の MCCB は，次の 3 通りが考えられます．

1 ）**図 51.2 のように単極の MCCB とニュートラルスイッチの組合せ**．なお，単極の MCCB は

電圧側（非接地側）に接続し，接地線はニュートラルスイッチに接続されます．単極の MCCB は，古い現場の電灯分電盤等に保守要員のいるビルや工場で用いられますが，住宅用分電盤には使用されることはありません（ニュートラルスイッチは，**写真 51.1** 参照）．

2 ）**2 線（極）同時に切れる**構造の MCCB を用いる場合で，単相 2 線式 100 V 回路に使用する **2P1E（2 極 1 素子）**のもの．この場合，素子は電圧側に接続し，接地側は開閉機能だけを持つ極に接続します．

3 ）これも**2 線（極）同時に切れる**構造の MCCB を用いる場合で，100 V でも 200 V の両方の電圧に使用できる **2P2E（2 極 2 素子）**のもの．

　ここで，2P1E および 2P2E の P は MCCB の**極数**，E は**過電流引外し素子**の数を表します．

　なお，2P1E を使用する場合，MCCB 本体表面に**N 表示**とある方が接地側です（例題 51.1 参照）．

測定器の知識

① 　**絶縁不良**の原因が図 51.2 のような単 3 回路の分岐回路の一つであるとき，**主幹および分岐**

113

写真51.1　電灯分電盤とニュートラルスイッチ(矢印)

MCCB ならびにニュートラルスイッチすべてを開放します.

② 次に，絶縁抵抗計のL端子を分岐MCCBの負荷側の①〜⑫に順次当てていきます．これが終了したら，ニュートラルスイッチの各①〜⑫に順次当てて絶縁抵抗を測定します．なお，E端子は盤内アース端子に接続するか，盤内の塗料の施していない金属部分に接続します.

③ 絶縁抵抗値の判断は，技術基準第58条の表51.1の値以上を基準とします.

注意事項

① 単極のMCCBの分岐回路の絶縁抵抗測定では，絶縁不良が1箇所であっても，ニュートラルスイッチをすべて開放しておかないと，接地線がすべての回路で接続されているので，漏電の原因が特定できないことがあります.

② 2PのMCCBの分岐回路では，すべての分岐MCCBを開放しなくても，1個ずつ分岐MCCBを開放して，絶縁抵抗計のL端子を1極ずつ当てていけば測定できます.

③ 単極でも2PのMCCBでも各線間には，原則として負荷が接続されているので，絶縁抵抗の測定はできません．図51.2のように各分岐回路の負荷側と大地間の絶縁抵抗を測定します.

表51.1　絶縁抵抗の基準値

電路の使用電圧の区分		絶縁抵抗値
300 V 以下	対地電圧(接地式電路において電線と大地との間の電圧．非接地式電路においては電線間の電圧をいう．以下同じ．)が150 V 以下の場合	0.1 MΩ
	その他の場合	0.2 MΩ
300 Vを超えるもの		0.4 MΩ

3. モータの過電流では？

　図51.3のように AC400 V 3φ2.2 kW のモータをインバータ運転しているとき，インバータ過負荷が出て瞬時トリップした．測定器をどのように使って解決する？

測定器の知識

① この場合，過電流は，モータを運転すると即インバータが瞬時トリップしたので，クランプメータで各相の電流を測定することが不可能でした.

② 絶縁抵抗計でU－E，V－E，W－Eと絶縁抵抗を測定したが，すべて100 MΩ 以上で異常は見られませんでした.

③ インバータ二次側を切り離して，インバータだけを運転したら正常だったので，モータの異常と判定しました.

④ 図51.3のようにモータの各線間の抵抗値をテスタで測定したところ，U－V：5.6〔Ω〕，V－W：5.6〔Ω〕，W－U：2.0〔Ω〕でした．この結果からモータの巻線に何らかの異常が発生していることがわかりました.

⑤ このモータの設計抵抗値(線間)は，製造会社の試験成績書から75℃で6.438〔Ω〕です．周囲温度を30℃として，換算すると5.5〔Ω〕になることから，測定結果の5.6〔Ω〕は正常値ですが，2.0〔Ω〕は明らかに異常です.

⑥ このモータを製造社に持ち帰り調査したところ，不具合の要因はレヤーショート(層間短絡)でした.

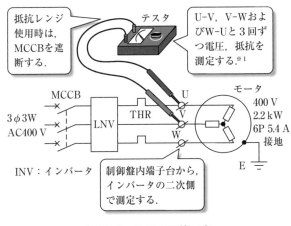

抵抗レンジ使用時は，MCCBを遮断する.

テスタ

U–V，V–WおよびW–Uと3回ずつ電圧，抵抗を測定する.※1

MCCB

3φ3W
AC400 V

LNV THR

INV：インバータ

制御盤内端子台から，インバータの二次側で測定する.

モータ
400 V
2.2 kW
6P 5.4 A
接地

U
V
W

E

図51.3 テスタの使い方

⑦ 不具合のモータを交換したら正常に運転しました.

このように**クランプメータ**や**絶縁抵抗計**で発見できない不具合も現場で簡単に**テスタ**を使って判断できることもあります.

注意事項

① **レヤーショート**が原因である場合，ほとんどのケースでは，絶縁抵抗値が異常値を示します.

しかし，今回はまれなケースですが，絶縁抵抗計では異常が認められず，**テスタ**が役立った事例として紹介しました.

② 今回取り上げたモータの**レヤーショート**（絶縁劣化のひとつ）の原因は，インバータ更新時にモータはそのまま使用していたことによるものであることがわかりました. これは，インバータのデバイスが変更になったため，**サージ電圧**が上昇したので，モータ巻線のレヤーショートに至ったものです.

※1. Y結線のモータ抵抗値
『電気 Q&A 電気設備のトラブル事例』の Q15（コラム3）参照.

実務編

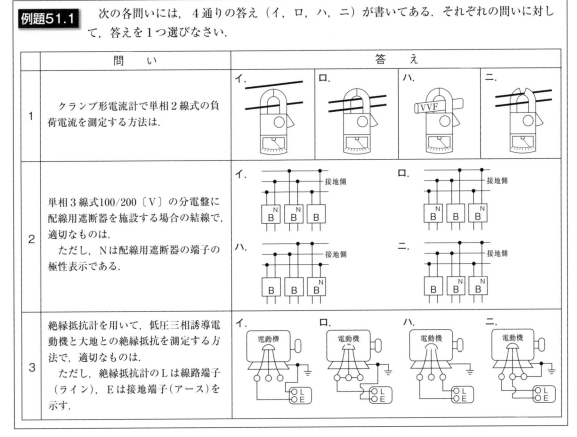

例題51.1 次の各問いには，4通りの答え（イ，ロ，ハ，ニ）が書いてある. それぞれの問いに対して，答えを1つ選びなさい.

問　い	答　え
1　クランプ形電流計で単相2線式の負荷電流を測定する方法は.	イ.　ロ.　ハ. VVF　ニ.
2　単相3線式100/200〔V〕の分電盤に配線用遮断器を施設する場合の結線で，適切なものは.　ただし，Nは配線用遮断器の端子の極性表示である.	イ.　ロ.　ハ.　ニ.
3　絶縁抵抗計を用いて，低圧三相誘導電動機と大地との絶縁抵抗を測定する方法で，適切なものは.　ただし，絶縁抵抗計のLは線路端子（ライン），Eは接地端子（アース）を示す.	イ.　ロ.　ハ.　ニ.

■解答　1—イ，2—イ，3—ロ

115

読者から寄せられた質問④

　読者の方々からの質問の多かった**絶縁抵抗に関する質問**を紹介します.

質問▶

Q1　絶縁抵抗低下のメカニズムについて教えてください（Q12）.

Q2　Q51中の「2. 単3回路の漏電では？」の 注意事項 ①で「単極のMCCBの分岐回路の絶縁抵抗測定では, 絶縁不良が1箇所であっても, ニュートラルスイッチをすべて開放しておかないと, 接地線がすべての回路で接続されているので, 漏電の原因が特定できないことがあります.」の説明がわからないので, もっと詳しく解説してください. （**図A**, Q51の図51.2）

A1▶　電気機器, 例えばモータを例にすると, **絶縁抵抗**（以下, 単に「絶縁」という）が低下すると内部の充電部から外部の金属製非充電部に電気が漏れます. これが**漏電**であり, **地絡**です. 地絡したモータの非充電部に触れると, 感電します.

　どんなに良い絶縁材料を使い, 構造の工夫をしても, 時間の経過とともに絶縁材料は**劣化**し, **絶縁抵抗は低下**していきます. この**絶縁劣化の要因**は, 以下のとおり3つに分けられます.

　①**環境的要因**……温度, 湿度, 塵埃, 化学薬品等

　②**電気的要因**……電気的ストレス, 常時電圧印加, サージ電圧等

　③**機械的要因**……機械的ストレス, 振動, 衝撃, 熱サイクル等

　これらの要因は, 単独に存在するものではなく, 各要因, 各要素が**複合**して劣化が進行するので複雑です. すなわち, 複数の要因が関連しあって**絶縁抵抗が低下**していきます.

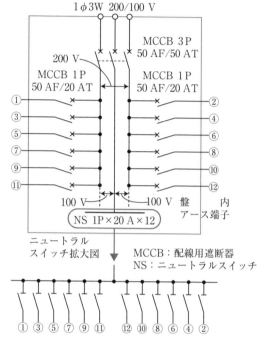

図A　単3でニュートラルスイッチのある電灯分電盤

A2▶　図Bは, 回路②の**絶縁測定**を行う場合に**ニュートラルスイッチ**②, ⑪がONになっている場合を示します. このとき, 回路⑪が絶縁不良と仮定すると, 回路②が正常であっても絶縁不良の回路⑪と回路②が図Bのように接続されているために, 回路②のMCCBを開路したとしても, **絶縁抵抗計は異常**を示すことになります. このように**絶縁測定**を実施する場合, **ニュートラルスイッチはすべて開放**しておかないと**接地側電線**がこの**ニュートラルスイッチ**を通じて接続されているので, 漏電箇所の特定ができないことがわかります.

　したがって, 事務所ビル等の電灯分電盤等に使用されている**単極のMCCB**とニュートラルスイッチの組合せのケースの**絶縁測定時**には, 必ずニュートラルスイッチをすべて開放するこ

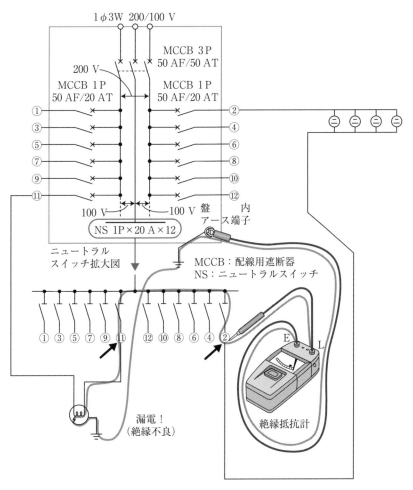

図B　ニュートラルスイッチ ON の場合の絶縁測定

とが必要です.

　このように，単 3 の 100 V 回路に**単極の MCCB**（1P1E）と**ニュートラルスイッチ**の組合せは，日本配線器具工業会規格「JWDS0007 住宅用分電盤」では認められていないため，住宅用分電盤では，今回のような**ニュートラルスイッチ**を使用して**単極の MCCB** を使用したものは存在しません.あくまでも，ビルや工場のような施設で保守点検できる体制にあるところに限られます.

　最近では，ビルや工場の電灯分電盤も**2極の**MCCB が主流になっているので，ニュートラルスイッチのある分電盤は少なくなってきています.

Q52 資格 ─目標とすべき資格は？─

A52

設備管理の「目標とすべき資格」は，建築物環境衛生管理技術者であり，最終目標をビル，工場とも技術士とする．

解説

読者の多数が最も関心ある「資格」をテーマに取り上げます．

仕事で疲れたからだにムチ打って帰宅後に勉強を続けることが資格取得への道です．しかし，勉強がなまやさしいものではないことは万人の認めるところです．

1．資格取得の意義は？

設備管理の世界では，実力の公の証明が資格です．一部の人を除けば職場では誰しも真面目に仕事をしますから，人間ほとんど差はありません．しかし，時の経過とともに歴然と差が出るのが資格です．

特にカネ，コネ，ウンに恵まれないと思えば，もう「資格」しかありません．ムダのない勉強をして生きた「資格」を取得しましょう．

「努力を忘れた働き蟻は，巣に戻れない」ことを忘れてはいけません．努力＝勉強の成果が資格です．社員の資格取得は，企業の技術・信用を高め，社会貢献につながります．

したがって，企業の中には社内講習の実施や外部講習受講費・受験料負担等の教育面のほか，資格手当や合格祝金の支給等の待遇面での資格取得支援を行っているところも少なくないと聞きます．しかし，筆者を含めほとんどの人が休暇をとって自弁で国家試験を受験し，合格しても祝金どころか資格手当すらありません．しかし，合格したときの喜びは，ひとしおで，知識の貯蓄となり，無形の財産ですから，資格取得は意義があり，不況時にもリストラされる確率が低くなります．

2．目標資格は？

ビギナーのうちは，難易度の高い資格は何か，また内容もわかりませんので，まず機械系技術者（以下「技術系」という）を目ざすのか，電気系技術者（以下「電気系」という）を目ざすのかを決め，一つの例として図52.1のような手順で複数の資格取得を目ざしましょう．

目標は，機械系，電気系とも建築物環境衛生管理技術者に置き，最終目標を技術士とします．

なお，ここで機械系，電気系とは，その人の出身学科ではなく，どのような技術者を目ざすかによって自分で決めるのです．

3．高度資格を目ざす！

本書籍のコンテンツの元となった記事が掲載されていた『設備と管理』（オーム社，以下「設管」）は，生まれてから平成29年で50周年を迎えました．筆者は，設管の読者となって40年を経過しましたが，読者になって2〜3年経過した頃，誰でも容易に取得できない難易度の高い資格（以下「高度資格」という）を目ざそうという主旨の当誌の記事に大きな感銘を受けました．

今の筆者があるのは，設管のこの記事が長く脳裏に焼きつき，高度資格を目標に勉強を続けてきたからこそと思っています（高度資格とは，図52.4の1〜20の国家資格をいい，筆者が勝手に決めたものです）．

人間，いくつかの資格を取得すると有頂天になって，資格取得時だけで勉強をやめてしまう人がほとんどです．努力＝勉強をやめたら，そこでその人の進歩は止まってしまいます．

高度資格への挑戦は，なまやさしいものではありません．ぜひ「茨と栄冠への道」を歩んでください．

4．筆者の資格人生

筆者の人生は，正に「資格人生」です．図52.2

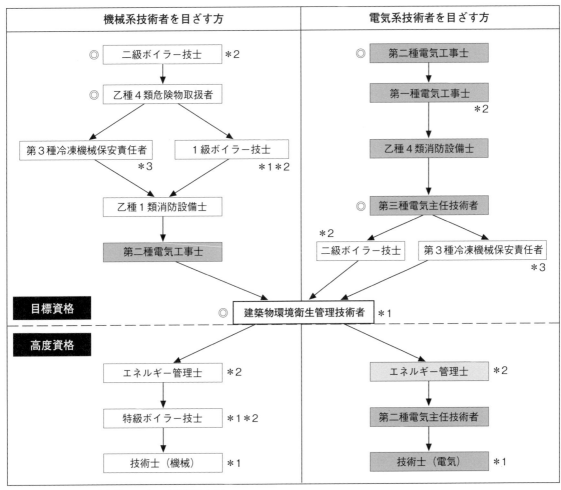

図 52.1 分野別の目標資格と目標高度資格

*1　受験資格に一定の実務経験必要
*2　免状交付に一定の実務経験必要．ただし，二級ボイラー技士のみ実技講習でも可
*3　選任時に一定の実務経験必要
◎　ビル管理必須資格
　☐は機械系，■は電気系国家資格

実務編

のようにおよそ40年間に38回の国家試験受験（まったく受験しなかった年が合計12年），19の資格取得ですが，一番多かった資格試験の受験回数が9回，次が6回です．

すべて自弁ですから，講習会費，書籍代，受験料とお金も時間も使い，また，休暇も多く取得した**資格人生**でした．

妻からは，9回受験した国家試験受験時に「いつ合格するの？　高い受験料なのに（当時18,000円，現在インターネットで12,400円，郵便で12,800円）」，また，今でも「我が家には団らんがないね」と言われます．

しかし，**資格人生**といっても息抜きはしていました．旅行，山，たまに競馬，そして人付き合いも必要ですから，職場あるいは資格を通してお付き合いしている方と一杯もやりました．

また，筆者のように執筆をしていると人から教えられることも多く，また教えを乞う先生も必要になります．

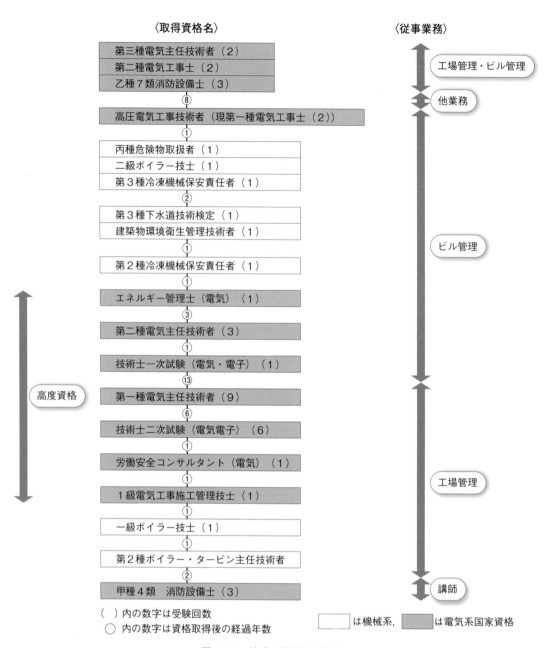

〈取得資格名〉　　　　　　　　　　　　　　　　〈従事業務〉

第三種電気主任技術者（2）
第二種電気工事士（2）
乙種7類消防設備士（3）
⑧
高圧電気工事技術者（現第一種電気工事士（2））
①
丙種危険物取扱者（1）
二級ボイラー技士（1）
第3種冷凍機械保安責任者（1）
②
第3種下水道技術検定（1）
建築物環境衛生管理技術者（1）
①
第2種冷凍機械保安責任者（1）
①
エネルギー管理士（電気）（1）
③
第二種電気主任技術者（3）
①
技術士一次試験（電気・電子）（1）
⑬
第一種電気主任技術者（9）
⑥
技術士二次試験（電気電子）（6）
①
労働安全コンサルタント（電気）（1）
①
1級電気工事施工管理技士（1）
①
一級ボイラー技士（1）
①
第2種ボイラー・タービン主任技術者
②
甲種4類　消防設備士（3）

工場管理・ビル管理
他業務
ビル管理
工場管理
講師

高度資格

（　）内の数字は受験回数
◯　内の数字は資格取得後の経過年数

□ は機械系，▨ は電気系国家資格

図 52.2　筆者の資格取得履歴

5．技術士の勧め

　ここでは最終目標とした**技術士**の**受験の勧め**として**技術士試験**のしくみを**図 52.3** および**表 52.1** で紹介させていただきました．

　ビルや工場の電気設備に携わる人たちは，まだまだ**技術士**の資格保有者が少ないと聞きます．ぜひ**技術士**に挑戦し，技術指導者になることを目指してください．

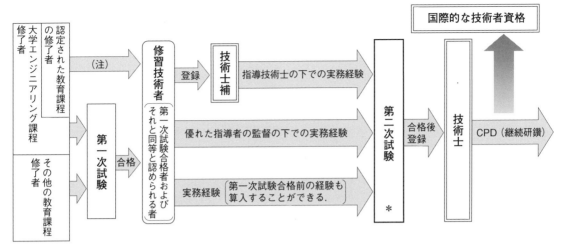

図 52.3　技術士試験の仕組み

(注)　認定された教育課程の修了者について

　　　技術士補となる資格の特例として「認定された教育課程の修了者」とあるが，これは「大学その他の教育機関における課程であって科学技術に関するもののうち，その修了が第一次試験の合格と同等であるものとして文部科学大臣が指定したものを修了した者」のこと．(技術士法第31条の2, 第2項)

　　　現在，日本技術者教育認定機構(JABEE)認定コース修了者が該当する．

　　　文部科学大臣が指定した大学等については，日本技術士会ホームページ(https://www.engineer.or.jp)の〔試験・登録情報〕⇒〔認定された教育課程〕を参照されたい．

＊　受験選択科目は表52.1参照

図 52.3　技術士試験の仕組み

●国家資格

1．公害防止管理者（大気1・3種，水質1・3種）
2．公害防止主任管理者
3．高圧ガス製造保安責任者（甲種化学，甲種機械，第1種冷凍機械）
4．エネルギー管理士
5．電気主任技術者（第一種，第二種）
6．ダム水路主任技術者（第1種）
7．ボイラー・タービン主任技術者（第1種）
8．ガス主任技術者（甲種）
9．総合無線通信士（第1級）
10．陸上無線技術士（第1級）
11．技術検定1級合格者（1級建設機械施工技士，1級土木施工管理技士，1級管工事施工管理技士，1級造園施工管理技士，1級建築施工管理技士，1級電気工事施工管理技士）
12．測量士
13．核燃料取扱主任者
14．原子炉主任技術者
15．放射線取扱主任者（第1種）
16．労働安全コンサルタント試験合格者
17．労働衛生コンサルタント試験合格者
18．ボイラー技士（特級）
19．建築士合格者（一級）
20．危険物取扱者（甲種）

図 52.4　高度資格の例

121

表 52.1　技術士第二次試験の科目表（ビル管理に関連する科目）

技術部門・選択科目	選 択 科 目 の 内 容
1．機械部門 ①必須科目 　機械一般 ②選択科目	
1-1　機械設計	設計工学，機械総合，機械要素，設計情報管理，CAD(コンピュータ支援設計)・CAE(コンピュータ援用工学)，PLM(製品ライフサイクル管理)その他の機械設計に関する事項
1-2　材料強度・信頼性	材料力学，破壊力学，構造解析・設計，機械材料，表面工学・トライボロジー，安全性・信頼性工学その他の材料強度・信頼性に関する事項
1-3　機構ダイナミクス・ 　　　　制御	機械力学，制御工学，メカトロニクス，ロボット工学，交通・物流機械，建設機械，情報・精密機器，計測機器その他の機構ダイナミクス・制御に関する事項
1-4　熱・動力エネルギー 　　　　機器	熱工学(熱力学，伝熱工学，燃焼工学)，熱交換器，空調機器，冷凍機器，内燃機関，外燃機関，ボイラ，太陽光発電，燃料電池その他の熱・動力エネルギー機器に関する事項
1-5　流体機器	流体工学，流体機械(ポンプ，ブロワー，圧縮機等)，風力発電，水車，油空圧機器その他の流体機器に関する事項
1-6　加工・生産システム・ 　　　　産業機械	加工技術，生産システム，生産設備・産業用ロボット，産業機械，工場計画その他の加工・生産システム・産業機械に関する事項
4．電気電子部門 ①必須科目 　電気電子一般 ②選択科目	
4-1　電力・エネルギー 　　　　システム	発電設備，送電設備，配電設備，変電設備その他の発送配変電に関する事項 電気エネルギーの発生，輸送，消費に係るシステム計画，設備計画，施工計画，施工設備及び運営関連の設備・技術に関する事項
4-2　電気応用	電気機器，アクチュエーター，パワーエレクトロニクス，電動力応用，電気鉄道，光源・照明及び静電気応用に関する事項 電気材料及び電気応用に係る材料に関する事項
4-3　電子応用	高周波，超音波，光，電子ビームの応用機器，電子回路素子，電子デバイス及びその応用機器，コンピュータその他の電子応用に係るシステムに関する事項 計測・制御全般，遠隔制御，無線航法等のシステム及び電磁環境に関する事項 半導体材料その他の電子応用及び通信線材料に関する事項
4-4　情報通信	有線，無線，光等を用いた情報通信(放送を含む.)の伝送基盤及び方式構成に関する事項 情報通信ネットワークの構成と制御(仮想化を含む.)，情報通信応用とセキュリティに関する事項 情報通信ネットワーク全般の計画，設計，構築，運用及び管理に関する事項
4-5　電気設備	建築電気設備，施設電気設備，工場電気設備その他の電気設備に係るシステム計画，設備計画，施工計画，施工設備及び運営に関する事項
11．衛生工学部門 ①必須科目 　衛生工学一般 ②選択科目	
11-1　水質管理	水質の改善及び管理に関する試験，分析，測定，水処理その他の水質管理に関する事項
11-2　廃棄物・資源循環	廃棄物・資源循環に係る調査，計画，収集運搬，中間処理，最終処分，運営管理，環境リスク制御，環境影響評価その他廃棄物・資源循環に関する事項
11-3　建築物環境衛生管理	生活及び作業環境における冷房，暖房，換気，恒温，超高清浄その他の空気調和及び給排水衛生，照明，消火，音響その他の建築物環境衛生管理に関する事項

"サバイバビリティと資格"

スキルとしての資格

サブプライムローン※1問題は，世界金融危機の種をまきました．2008年9月の米証券大手リーマン・ブラザーズの破綻後に世界経済は大きく悪化し，景気の冷え込みが加速されました．その結果，海外経済の減速や円高によって輸出が急減し，生産減による雇用減という負の連鎖が起き，国内景気の落込みにより派遣社員だけでなく正社員のリストラへの動きも出ました．

私たち労働者に生き方の転換が求められている時代に入りました．すなわち，**サバイバビリティ**※2が問われ，その一つがスキルとしての資格です．

1．職業訓練と資格取得

2008年10月23日の**日本経済新聞夕刊**の"職育の明日㉒"という記事は，都立多摩職業能力開発センター武蔵野校（現在の多摩校）の50歳以上対象の**ビル管理科**を修了した58歳のH氏の話でした．H氏は，元サービス業の統括支店長でしたが，再就職するのに資格がなかったため，**ビル管理科**に入校し，6か月の猛勉強で**二級ボイラー技士**，**第二種電気工事士**等の資格を取得して，無事希望の職場に**再就職**できたという内容でした．また，2009年2月号の設管「雑学27」で南雲健治氏が映画"学校Ⅲ"に触れています．この「学校Ⅲ」は，1998年秋に**松竹**にて公開され，筆者も映画館へ出掛けました．

これも前記同様に，**二級ボイラー技士の資格**を目ざして勉学に励む都立技術専門校（現・職業能力開発センター）の話で，**ビル管理科**の中高年の生徒に扮するリストラされた元・管理職役の小林稔侍さん，ストーリーに味をつける元・町工場のオヤジ役の田中邦衛さん，紅一点の母子家庭の母親役の大竹しのぶさんらが登場していました．そして，**手に職**をつけるために**職業訓練**を受けながら勉強し，**再就職**するために**資格**を目ざすものでした．このように，20年以上前にも「手に職をつける」大切さを山田洋次監督が**映画**を通して紹介していました．

このような雇用情勢の悪化は，何年かのサイクルでやってきますが，ただでさえ再就職の難しい中高年はもちろん，若者も女性も**サバイバビリティ**としての**資格**が必要なことを，前述した新聞や映画は教えてくれています．

2．生涯現役と資格

大企業や公務員の管理職も，そこにいるから管理職であって，定年まで運よく勤めることができても，なお，**再雇用**で残れてもせいぜい5～6年です．したがって，人生100年時代を迎え，生涯現役で働けるのが**ビル管理**ですが，**資格**が要求されます．

したがって，リストラされたり，定年前に**再就職**を希望するなら，**職業訓練＋資格取得**しかありません．**職業訓練**は，**実務経験**のない方でも6か月以上の**実務経験**ありとみなすありがたい支援です．ボイラー技士のように，筆記試験に合格できても**実務経験**のない方には免許を取得できませんが，**職業訓練**（ビル管理科修了）は**実務経験**とみなされる資格もあります．

3．フォローアップ

資格を取得して運よく**再就職**が決まっても，サバイバビリティのため仕事を通じて学ぶ姿勢が大切です．すなわち，ひととおりの仕事ができるようになったら，**技術への投資**が必要です．

『設備と管理』，『新電気』（オーム社）の実務記事に目を通し，**電気の知識**を身につけてください．施設の見学会や技術講習会にも参加することが，将来への投資につながります．さらに上級資格や関連業務の資格に挑戦する姿勢が自分を成長させてくれます．

(注)※1　サブプライムローン；信用力の低い個人向け住宅融資
　　 ※2　**サバイバビリティ**；生き残る力

MEMO

第3章

計算編

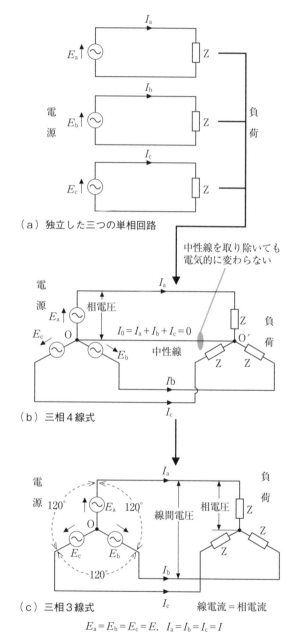

Q53 三相電力計算式（1）
～三相電力の式の頭に3がついたり，√3がつくのはなぜ？～

A53

三相電力は，相電圧，相電流で表現すると頭に3がつき，線間電圧，線間電流で表現すると頭に√3がつく．

解説

現場で働く人たちはもちろん，これから現場に就こうとする人たちに，**Q&A形式**で現場で要求されるやさしい計算を紹介します．

1. 単相電力の式は？

電圧 E〔V〕，電流 I〔A〕，力率 $\cos\theta$ のとき，単相電力 P〔W〕は，次式で表すことができます．

$$P = EI\cos\theta \ \text{〔W〕} \tag{53・1}$$

2. 三相とは？

三相は，**図53.1**のように三つの単相回路の組合せです．三相電力 P〔W〕は，単相回路の電力の3倍ですから，次式で表されます．

$$P = 3EI\cos\theta \ \text{〔W〕} \tag{53・2}$$

ここで，E は相電圧，I は相電流ですから，式(53・2)は，次式のようにも表現できます．

三相電力 = 3 × 相電圧 × 相電流 × 力率

$$\tag{53・3}$$

3. 三相の結線方法は？

三つの単相回路を図53.1（c）のように三相のY形に結線した方式をY（スター）結線または星形結線といいます．ここでは電源も負荷もY結線です．

また，各相の電圧を**相電圧**，各相に流れる電流を**相電流**といい，電源と負荷を接続する線間の電圧を**線間電圧**，その線に流れる電流を**線電流**と呼んでいます．なお，Y結線では**図53.2**のとおり**線電流**と相電流は等しくなります．

Y結線のほかに代表的な結線方式として△（デルタ）結線があります（**図53.3**）．

（a）独立した三つの単相回路

中性線を取り除いても電気的に変わらない

（b）三相4線式

（c）三相3線式　　線電流＝相電流

$$E_a = E_b = E_c = E, \ \ I_a = I_b = I_c = I$$

図53.1　三相とは

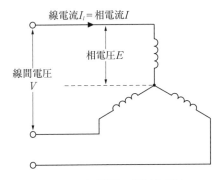

図53.2　Ｙ結線の電圧と電流

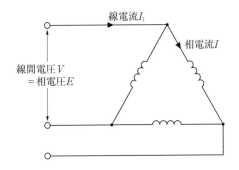

図53.3　△結線の電圧と電流

　Ｙ結線，△結線の線間電圧と相電圧および線電流と相電流の関係をまとめると，次のようになります．

Ｙ結線　線間電圧 $V = \sqrt{3} \times$ 相電圧 E
　　　　線電流 $I_l =$ 相電流 I　　　　　　（53・4）
△結線　線間電圧 $V =$ 相電圧 E
　　　　線電流 $I_l = \sqrt{3} \times$ 相電圧 I　（53・5）

　この関係式を式（53・2）に代入すると，三相電力 P〔W〕は，Ｙ結線とも△結線とも次式のように同じ結果となります．

$$P = \sqrt{3}\, VI_l \cos\theta \ \text{〔W〕} \tag{53・6}$$

　すなわち，言葉で表現すると次式になります．
　三相電力 $= \sqrt{3} \times$ 線間電圧 $\times$ 線電流 $\times$ 力率

$$\tag{53・7}$$

　したがって，Q53 の答えは，式（53・3），（53・7）で，三相電力は，相電圧，相電流で表現すると頭に３がつき，線間電圧，線電流で表現すると頭に $\sqrt{3}$ がつくことが理解できます．

例題53.1　図のような三相交流回路の全消費電力〔W〕のうち，正しいものは次のうちどれか．

　　イ．3 700　　　ロ．4 800
　　ハ．6 400　　　ニ．8 000

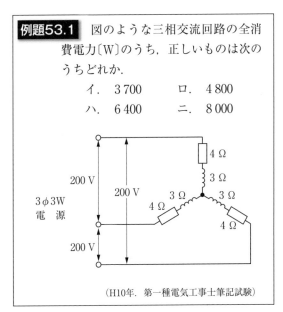

（H10年．第一種電気工事士筆記試験）

■解説

　単相回路として考え，**図53.4** から，
　　インピーダンス $Z = \sqrt{R^2 + X^2} = \sqrt{4^2 + 3^2}$
　　　　　　　　　　　　　$= 5$〔Ω〕
　∴　力率 $\cos\theta = R/Z = 4/5 = 0.8$
　また，Ｙ結線であるから，

$$I = I_l = \frac{E}{Z} = \frac{200/\sqrt{3}}{5} = \frac{40}{\sqrt{3}} \text{〔A〕}$$

したがって，全消費電力 P〔W〕は，式（53・2）より，

$$P = 3EI\cos\theta = 3 \cdot \frac{200}{\sqrt{3}} \cdot \frac{40}{\sqrt{3}} \cdot 0.8$$

$$= 6\,400 \text{〔W〕}$$

正解　ハ．

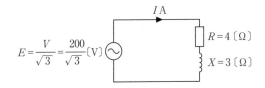

$$E = \frac{V}{\sqrt{3}} = \frac{200}{\sqrt{3}}\text{〔V〕}$$

図53.4　例題53.1の単相回路

計
算
編

Q54 三相電力計算式（2）
～三相電力の計算式で３や√３の数字が消えた！どうして？～

A54
　　　負荷が純抵抗だけのとき，Y結線では三相電力の式の３や√３が消え，△結線では３は消えない．ただし，線間電圧でなく相電圧で計算した場合はY結線でも３が残る．

解説

　Q53 で三相電力の計算式は，相電圧・相電流で表すか，線間電圧・線電流で表すかによって次式のように２通りあることを勉強しました．

$$P = 3EI \cos \theta \qquad (53 \cdot 2)$$
$$P = \sqrt{3}\, VI_l \cos \theta \qquad (53 \cdot 6)$$

1. 純抵抗の三相電力は？

　負荷が純抵抗 R〔Ω〕だけのときの三相電力を計算します．

　負荷の結線がY結線の場合と△結線の場合の２通りについて計算します．

1）Y結線の場合（図 54.1）

　純抵抗のとき，$\cos \theta = 1$

Y結線ですから，$E = \dfrac{V}{\sqrt{3}}$，$I = \dfrac{E}{R}$ を

式（53・2）に代入して，

$$P = 3 \cdot \frac{V}{\sqrt{3}} \cdot \frac{\dfrac{V}{\sqrt{3}}}{R} \cdot 1 = \frac{V^2}{R} \text{〔W〕} \quad (54 \cdot 1)$$

となって，三相電力の式の**３や√３の数字が消え**

2）△結線の場合（図 54.2）

　純抵抗のとき，$\cos \theta = 1$

△結線ですから，$E = V$，$I = \dfrac{I_l}{\sqrt{3}} = \dfrac{E}{R}$ を

式（53・2）に代入して，

$$P = 3 \cdot V \cdot \frac{V}{R} \cdot 1 = \frac{3V^2}{R} = \frac{3E^2}{R} \text{〔W〕}$$
$$(54 \cdot 2)$$

となって，三相電力の式の**３の数字は消えません**でした．

2. 遅れ力率の三相電力は？

　図 54.3 のように抵抗 R〔Ω〕と誘導リアクタンス X〔Ω〕からなるインピーダンス Z〔Ω〕の遅れ力率の三相電力を計算します．

　図 54.3 のようにY結線の場合を考えます．

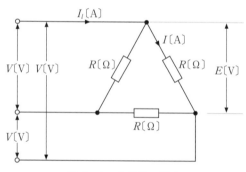

図 54.2　△結線の電力

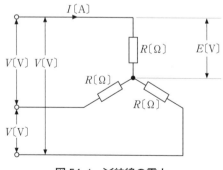

図 54.1　Y結線の電力

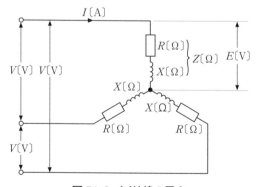

図 54.3　Y結線の電力

$\cos\theta = \dfrac{R}{Z}$, $E = \dfrac{V}{\sqrt{3}}$, $I = \dfrac{E}{Z}$ ですから,

式(53・2)に代入して,

$$P = 3 \cdot \frac{\dfrac{V}{\sqrt{3}}}{\sqrt{3}} \cdot \frac{V}{Z} \cdot \frac{R}{Z} = \frac{RV^2}{Z^2} \ \text{(W)}$$

$$(54 \cdot 3)$$

なお,通常機器や送配電線の電圧は,**線間電圧**で表現するため,この式も式 (54・1) も**線間電圧** V を使用しています.したがって,簡単なケースの図 54.1 で相電圧 E を使用した場合の三相電力を計算してみます.

$$P = 3E \cdot \frac{E}{R} \cdot 1 = \frac{3E^2}{R} \qquad (54 \cdot 1)'$$

となり,**三相電力の式に3が残りました**.3が消えたのは,数字のトリックで,

$$3 \times \left(\frac{V}{\sqrt{3}}\right)^2 \times \frac{1}{R} = 3 \times \frac{V^2}{3} \times \frac{1}{R} = \frac{V^2}{R}$$

となることから理解できます.

例題54.1 図のような三相負荷に電圧 200 〔V〕を加えたときの消費電力〔kW〕は,次のうちどれか.

イ. 4 　　　 ロ. 6
ハ. 8 　　　 ニ. 12

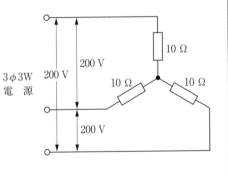

■解説

純抵抗の⅄結線ですから,式 (54・1) が利用できます.

$$P = \frac{V^2}{R} = \frac{200^2}{10} = \frac{40\,000}{10}$$

$$= 4\,000 \ \text{(W)} = 4 \ \text{(kW)}$$

正解 イ.

例題54.2 図のような三相交流回路の全消費電力〔kW〕は,次のうちどれか.

イ. 1.0 　　　 ロ. 2.0
ハ. 3.0 　　　 ニ. 6.0

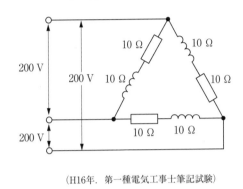

(H16年. 第一種電気工事士筆記試験)

■解説

インピーダンスの△結線ですから,三相電力の計算には,式(53・2)を利用します.

単相回路として考えるから,**図 54.4** より,インピーダンス $Z = \sqrt{R^2 + X^2}$

$$= \sqrt{10^2 + 10^2} = 10\sqrt{2} \ \text{(Ω)}$$

$$\therefore \text{力率} \cos\theta = \frac{R}{Z} = \frac{10}{10\sqrt{2}} = \frac{1}{\sqrt{2}}$$

次に相電流 I〔A〕を計算します.

$$I = \frac{E}{Z} = \frac{200}{10\sqrt{2}} = \frac{20}{\sqrt{2}} \ \text{(A)}$$

したがって,全消費電力 P〔W〕は,

$$P = 3EI\cos\theta = 3 \cdot 200 \cdot \frac{20}{\sqrt{2}} \cdot \frac{1}{\sqrt{2}}$$

$$= 6\,000 \ \text{(W)} = 6 \ \text{(kW)}$$

正解 ニ.

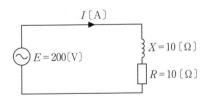

図 54.4 例題 54.2 の単相回路

計算編

A55
　　　電圧を基準ベクトルとすると，電流は電
圧より位相が θ 遅れているため，電流は直角
三角形の斜辺に該当する部分に相当する．

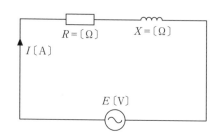

図 55.1　RL 直列回路

解説

　一般に私たちが扱うのは交流です．交流は位相
があるため**ベクトル**で表現されます．**ベクトル**は
成分がありますから，**直角三角形**で表せます．

1．三相電力の式中の電流は？

　Q53・54 で勉強した三相電力は，次のように
相電圧・相電流で表すか，線間電圧・線電流で表
すかによって，2 通りで表現できました．

$$P = 3EI \cos \theta \qquad\qquad (53 \cdot 2)$$
$$P = \sqrt{3}\, VI_l \cos \theta \qquad\qquad (53 \cdot 6)$$

では，式 (53・2)，(53・6) 中の電流 I，I_l は**直
角三角形**のどの部分に相当するかわかりますか？
　これが今回のテーマです．

2．負荷に流れる電流は？

　負荷は，通常**図 55.1** のように抵抗 R〔Ω〕と誘
導性リアクタンス X〔Ω〕の直列回路で考えます．
これを誘導性負荷，あるいは誘導負荷と呼んでい
ます．

　いま，この回路に流れる電流 I は，**図 55.2** の
ように電圧 E〔V〕を基準（ベクトル）とすると，θ
だけ**位相が遅れる**ことになります．ここで，この
θ は，電圧と電流の**位相差**となりますから，**位相
角**とか**インピーダンス角**または**力率角**といい，
$\cos \theta$ を**力率**と呼んでいます．

3．電流の成分って？

　電流はベクトルですから成分があるわけです．
図 55.2 のように基準ベクトル E と同相の成分の
電流の有効分である I_p（**有効電流**）と，電圧より
90°位相の遅れている成分の電流の無効分である

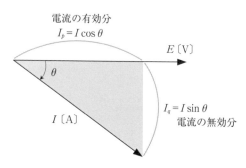

図 55.2　電流のベクトル図

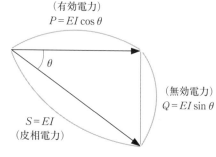

図 55.3　3 つの電力

I_q（**無効電流**）とに分けられます．（図 55.2）
　このことから，電流は**直角三角形の斜辺**に該当
する部分に相当することが理解できます．
　また，電力も直角三角形になり，**有効電力**，**無
効電力**がその成分で，斜辺が**皮相電力**に該当し，
一般に言う電力が有効電力ということになります
（**図 55.3**）．

　では，いくつかの例題を通して電流のことを理

解しましょう.

例題55.1　交流電源 220 V の回路に力率
0.8，インピーダンスが 2.5 Ω である負荷を
接続したとき，流れる電流〔A〕はいくらか.

■解説

オームの法則より，

$$I = \frac{E}{Z} = \frac{220}{2.5} = 88 \text{〔A〕}$$

力率 0.8 は，関係しないことがわかります.

では，回路の電力 P〔W〕（有効電力を指す）を
計算すると，

$$P = EI\cos\theta = 220 \times 88 \times 0.8$$
$$= 15\,488 \text{〔W〕} \simeq 15.5 \text{〔kW〕}$$

となり，力率 0.8 が関係しました.

正解　88〔A〕.

例題55.2　6.6 kV, 50 Hz, 1 000 kV・A, 力
率 0.8 の三相同期発電機がある. 定格電流
〔A〕はいくらか.

■解説

$$I_n = \frac{S}{\sqrt{3}\,V_n} = \frac{1\,000 \times 10^3}{\sqrt{3} \times 6.6 \times 10^3}$$
$$= 87.5 \text{〔A〕}$$

が正解です.

正解　87.5〔A〕.

〔補足〕　力率 $\cos\theta$ は何に関係するのかと疑問に
思う方もいると思います.

1 000 kV・A は，皮相電力ですから，有効電力
P〔kW〕は，

$$P = S\cos\theta = 1\,000 \times 0.8 = 800 \text{〔kW〕}$$

となります.

このとき，

$$I = \frac{P}{\sqrt{3}\,V} = \frac{800 \times 10^3}{\sqrt{3} \times 6.6 \times 10^3} \simeq 70 \text{〔A〕} \neq I_n$$

とすると，これは有効分の電流を算出しているこ
とになります. 有効分の電流は，図 55.2 のとお
り電圧と同相の成分になり，$I\cos\theta$ です.

有効電力から電流を計算するには，

$$I = \frac{P}{\sqrt{3}\,V\cos\theta} = \frac{800 \times 10^3}{\sqrt{3} \times 6.6 \times 10^3 \times 0.8}$$
$$= 87.5 \text{〔A〕}$$

と正しく計算できます.

例題55.3　三相 3 線式配電線に 800 kW,
遅れ力率 80 % の三相平衡負荷が接続されて
いる. 負荷電圧が 6.6 kV の場合，線路電流
〔A〕はいくらか.

■解説

例題 55.2 と全く同じ問題になります.

求めたい線路電流 I〔A〕は，直角三角形の斜辺
に相当する部分ですから，

$$I = \frac{P}{\sqrt{3}\,V\cos\theta} = \frac{800 \times 10^3}{\sqrt{3} \times 6.6 \times 10^3 \times 0.8}$$
$$= 87.5 \text{〔A〕}$$

正解　87.5〔A〕.

ミニコラム　電流と力率

例題 55.3 で力率 100 %，すなわち力率 1
のときの三相平衡負荷であれば，線路電流
〔A〕は，次のように計算できます.

$$I = \frac{P}{\sqrt{3}\,V\cos\theta} = \frac{800 \times 10^3}{\sqrt{3} \times 6.6 \times 10^3 \times 1} \simeq 70 \text{〔A〕}$$

このことから，同じ出力の負荷であっても
力率が 80 % のほうが 100 % よりも電流が大
きいことがわかります. したがって，力率を
良く（大きく）した方が電流が小さくなって，
配電線の**電圧降下**も**電力損失**も小さくなりま
す. すなわち，力率が良い方が省エネルギー
の点からも好ましいわけです.

これが**力率改善**すべき理由であり，**進相コ
ンデンサ**の役割です.

計算編

131

Q56 分流の法則とは？

A56

「分流の法則」とは，「各抵抗に分流する電流は，抵抗の大きさに反比例する」法則である.

解説

並列回路の電流がどのように分流するかの計算の決め手になるものが**分流の法則**です.

1．並列回路の電流？

まず，**図56.1**，**図56.2**の並列回路のそれぞれに流れる電流を各自計算してみてください.

ただし，図56.1のR_1，R_2は純抵抗（以下「抵抗」という）とし，図56.2の負荷は，いずれもヒータですから力率$\cos\theta = 1$となります（力率1の負荷は抵抗です）．電源は一般の住宅を想定しているので交流100〔V〕です.

図56.1の各抵抗の電流計算；

抵抗R_1，R_2に加わる電圧Eは同じで$E = 100$〔V〕ですから，各抵抗の電流I_1，I_2〔A〕はオームの法則より，

$$I_1 = \frac{E}{R_1} = \frac{100}{20} = 5\,\text{A} \qquad (56 \cdot 1)$$

$$I_2 = \frac{E}{R_2} = \frac{100}{40} = 2.5\,\text{A} \qquad (56 \cdot 2)$$

したがって，電源に流れる電流I〔A〕は，

$$I = I_1 + I_2 = 5 + 2.5 = 7.5\,\text{A}$$

図56.2の各負荷の電流計算；

単相電力の式(1・1)で，$\cos\theta = 1$から

$$P = EI$$

$$\therefore I = \frac{P}{E} \qquad (56 \cdot 3)$$

各負荷に加わる電圧は同じで$E = 100$〔V〕，各負荷の電流I_1'，I_2'〔A〕は，式(56・3)より，

$$I_1' = \frac{P_1}{E} = \frac{500}{100} = 5\,\text{A}$$

$$I_2' = \frac{P_2}{E} = \frac{250}{100} = 2.5\,\text{A}$$

以上から，図56.1と図56.2はまったく同じ回路であることがわかりました．図56.2は抵抗を消費電力で表しただけです.

ここで知っておきたいことは，一般の住宅に限らずビルでも工場でも，**負荷は電源に対して並列に接続**されているということです．このことから，負荷を増やせば電流が増え，ブレーカ（配線用遮断器の通称）の容量を超えると飛ぶ（これを「トリップする」という）ことが理解できます.

ただし，説明の都合上わかりやすくするため負荷は抵抗で考えましたので**算術計算**です．しかし，実際の交流の負荷は**インピーダンス**ですから，力率は1ではないのでベクトル計算となります.

ベクトルは図で表現され，ベクトルを数式化したものが複素数ですから**複素数計算**となります.

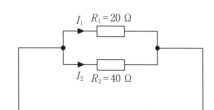

図56.1　抵抗の並列

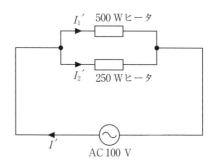

図56.2　負荷（ヒータ）の並列

2．分流の法則とは？

図 56.1 のように 2 つの抵抗 R_1, R_2〔Ω〕の並列回路において，「各抵抗に分流する電流 I_1, I_2〔A〕は，抵抗の大きさに反比例する」というものです．

図 56.1 の合成抵抗 R〔Ω〕は，

$$R = \cfrac{1}{\cfrac{1}{R_1}+\cfrac{1}{R_2}} = \cfrac{1}{\cfrac{R_2}{R_1 R_2}+\cfrac{R_1}{R_1 R_2}}$$

$$= \cfrac{1}{\cfrac{R_1+R_2}{R_1 R_2}} = \frac{R_1 R_2}{R_1+R_2} \qquad (56 \cdot 4)$$

$$= \frac{20 \times 40}{20+40} = \frac{800}{60} = \frac{40}{3} \text{〔Ω〕}$$

次に全電流 I〔A〕は，オームの法則より

$$I = \frac{E}{R} = \cfrac{E}{\cfrac{R_1 R_2}{R_1+R_2}} = \frac{E(R_1+R_2)}{R_1 R_2}$$

$$\therefore \quad E = \frac{R_1 R_2}{R_1+R_2} I \qquad (56 \cdot 5)$$

したがって，各抵抗 R_1, R_2〔Ω〕に流れる電流 I_1, I_2〔A〕は，オームの法則と式(56・5)より

$$I_1 = \frac{E}{R_1} = \frac{R_1 R_2}{R_1+R_2} I \times \frac{1}{R_1} = \frac{R_2}{R_1+R_2} I$$

$$= \frac{40}{20+40} \times 7.5 = \frac{2}{3} \times 7.5 = 5 \text{〔A〕}$$

$$I_2 = \frac{E}{R_2} = \frac{R_1 R_2}{R_1+R_2} I \times \frac{1}{R_2} = \frac{R_1}{R_1+R_2} I$$

$$= \frac{20}{20+40} \times 7.5 = \frac{1}{3} \times 7.5 = 2.5 \text{〔A〕}$$

$$(56 \cdot 6)$$

上記の I_1, I_2 の式が「**分流の法則**」です．

オームの法則さえ知っていれば**分流の法則**は不要という方もいます．しかし図 56.1，図 56.2 のような回路では対応できますが，電流源すなわち**計器用変流器**（通称「CT」という）や**高調波**の問題を検討するときには，**分流の法則**が必須の知識になります．

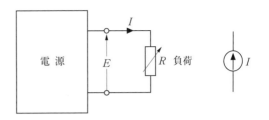

（a）等価回路　　　　（b）記　号

図 56.3　電流源

3．電流源とは？

図 56.3（a）のように，負荷の抵抗 R を変化させても電流 I がほとんど変化しない電源のことを「**電流源**」といいます．

電流源では，負荷の抵抗 R の大きさに関係なく電流が一定となります．すなわち，理想的な**電流源**の内部抵抗は無限大になります．なお，**電流源**の記号には同図（b）を使用します．

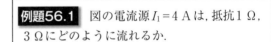

例題56.1　図の電流源 $I_1 = 4$ A は，抵抗 1 Ω，3 Ω にどのように流れるか．

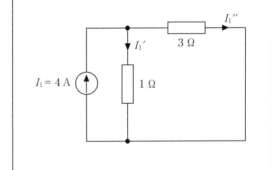

■解説

分流の法則の式(56・6)より，

$$I_1' = \frac{3}{1+3} I_1 = \frac{3}{4} \times 4 = 3 \text{ A}$$

$$I_1'' = \frac{1}{1+3} I_1 = \frac{1}{4} \times 4 = 1 \text{ A}$$

正解　$I_1' = 3$ A, $I_1'' = 1$ A.

133

Q57 電圧降下簡略式

～電圧降下の簡略式（略算式）はどのようにして算出された？～

A57
　屋内配線においては，リアクタンス分を無視した電圧降下簡略式を使う．

解説

　電圧降下の計算式には，リアクタンス分を考慮するケースとリアクタンス分を無視しても差し支えないケースがあります．ここでは，後者についての**簡略式**を提示し，これがどのように算出されたものか検証します．

予備知識

　電圧降下の計算式で，リアクタンス分を考慮しなければならないのは，送電線，配電線それに屋内配線でも集合住宅の幹線等，**電線こう長**[※1]が長く，大電流を扱う場合で，以下の計算式により**電圧降下**を計算します．

$$e = KI(r\cos\theta + x\sin\theta)L \qquad (57\cdot1)$$

　　　e：電圧降下〔V〕
　　　K：配線方式による係数
　　　I：通電電流〔A〕
　　　r：線路の交流導体抵抗〔Ω/m〕
　　　x：線路のリアクタンス〔Ω/m〕
　$\cos\theta$：負荷端力率
　　　L：電線こう長〔m〕

配線方式	K	備　考
単相2線式	2	線　間
単相3線式	1	大地間
三相3線式	$\sqrt{3}$	線　間
三相4線式	1	大地間

　しかし，屋内配線等のように比較的**電線こう長**が短く，電線が細い場合，**表皮効果**[※2]や**近接効果**[※3]等による導体抵抗値増加分やリアクタンス分を無視しても差し支えない．このような場合に

は，以下の**簡略式**と呼ばれる計算式により**電圧降下**を計算します．

電圧降下の簡略式		(57・2)
配線方式	電圧降下	備　考
単相2線式	$e = \dfrac{35.6 \times L \times I}{1\,000 \times A}$	線　間
三相3線式	$e = \dfrac{30.8 \times L \times I}{1\,000 \times A}$	線　間
単相3線式 三相4線式	$e = \dfrac{17.8 \times L \times I}{1\,000 \times A}$	大地間

　　e：電圧降下〔V〕
　　I：負荷電流〔A〕
　　L：電線こう長〔m〕
　　A：電線の断面積〔mm²〕

1．電気抵抗の式は？

　物質の電気抵抗（以下「抵抗」という）Rは，その長さLに比例し，断面積Aに反比例します．

$$R = \rho\frac{L}{A} \ \ 〔Ω〕 \qquad (57\cdot3)$$

　ここでLは物質の長さ〔m〕，Aは断面積〔m²〕，ρは比例定数で**抵抗率**と呼ばれ，式(57・3)より，

$$\rho = R〔Ω〕 \times \frac{A〔m^2〕}{L〔m〕} = \frac{RA}{L}\left[\frac{Ω\cdot m^2}{m}\right]$$

$$= \frac{RA}{L} \ \ 〔Ω\cdot m〕 \qquad (57\cdot4)$$

となって，**抵抗率**ρは**図57.1**のように断面積$1\,m^2$で長さ$1\,m$の物質の抵抗です．なお，電線の断面積は，一般に〔mm²〕が使われるので，長さL〔m〕，断面積A〔mm²〕の抵抗をR〔Ω〕とすると，**抵抗率**ρ'は，式(57・4)より，

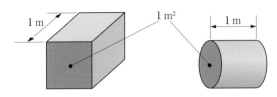

図 57.1　抵抗率

$$\rho' = \frac{RA}{L} \left[\frac{\Omega \cdot \mathrm{mm}^2}{\mathrm{m}} \right] \tag{57・5}$$

ここで，式 (57・1) 中の r と式 (57・3) の R の関係は，次式になります．

$$R = rL \ [\Omega] \tag{57・6}$$

2．導電率とは？

電線は電流を通すために使うもので，電流の流れにくさを表す**抵抗率** ρ の逆数を考え，これを**導電率** σ といいます．

$$\sigma = \frac{1}{\rho} = \frac{1}{\dfrac{RA}{L} \ [\Omega \cdot \mathrm{m}]} = \frac{L}{RA} \left[\frac{1}{\Omega} \Big/ \mathrm{m} \right]$$

$$= \frac{L}{RA} \ [\mathrm{S/m}] \tag{57・7}$$

この**導電率**の単位 [S/m] を，**ジーメンス毎メートル**と呼んでいます．また，電線等で電流の流れやすさを表す方法の一つとして**パーセント導電率**が使われ，ある電線の導電率 σ [S/m] は**標準軟銅**の導電率の何パーセントであるかで表します．

3．簡略式を導ける？

単相２線式：式 (57・1) でリアクタンス分を無視するので，$X = 0$，$\cos\theta = 1$

$$\therefore \quad e = 2rLI = 2RI \tag{57・1}'$$

この式に式 (57・3) を代入して，

$$e = 2 \cdot \frac{\rho L}{A} \cdot I$$

標準軟銅の抵抗率 $\rho = \dfrac{1}{58} \left[\dfrac{\Omega \cdot \mathrm{mm}^2}{\mathrm{m}} \right]$，電線のの導電率は 97 % ですから，

$$e = 2 \times \frac{1}{58 \times 0.97} \times \frac{LI}{A}$$

$$= \frac{35.6 \times L \times I}{1\,000 \times A} \ [\mathrm{V}]$$

三相３線式：上記と同様にして，

$$e = \sqrt{3} \times \frac{1}{58 \times 0.97} \times \frac{LI}{A}$$

$$= \frac{30.8 \times L \times I}{1\,000 \times A} \ [\mathrm{V}]$$

以上の電圧降下の簡略式は，「**内線規程**」1310 節「電圧降下」の関連条文として，**内線規程資料** 1-3-2 "電線最大こう長表 – 3" のほか，「電気手帳 (オーム社刊)」の幹線の電圧降下の計算にも紹介されています．

具体例として 3φ3W200 V，300 A の幹線設計を配線こう長 150 m，電圧降下 4 % で行うときの幹線の太さを簡略式で計算します．

$$e = 200 \times 0.04 = 8 \ [\mathrm{V}]$$

式 (57・2) より，

$$A = \frac{30.8 \times L \times I}{1\,000 e} = \frac{30.8 \times 150 \times 300}{1\,000 \times 8}$$

$$= 173.25 \ \mathrm{mm}^2 \to 200 \ \mathrm{mm}^2 \ を選定$$

$173.25 \ \mathrm{mm}^2$ の値に近い電線は，$150 \ \mathrm{mm}^2$ と $200 \ \mathrm{mm}^2$ ですが，$173.25 \ \mathrm{mm}^2$ 以上のため $200 \ \mathrm{mm}^2$ が選定されます．

(注)※1．**電線こう長**；電線の距離 (長さ) のこと．

※2．**表皮効果**；電線に交流を流した場合，電流は電線の表面近くに多く流れ，中央部は流れにくくなる現象のこと．周波数が高いほど，電線が太いほど電流が電線の表面に集中する．したがって，表皮効果によって抵抗が増加する．

※3．**近接効果**；電流の流れるほかの導体が近接してあるために実効抵抗が増加する現象．

Q58 故障計算（1）

~単3の中性線が断線するとどうなる？~

A58

単3のときに正常だった電圧が，中性線断線によってアンバランスな電圧が加わり，抵抗値の大きい方が異常電圧となり支障が出た．

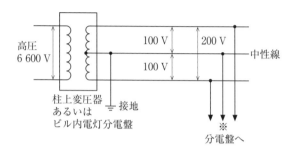

図 58.1　100/200 V 単相3線式

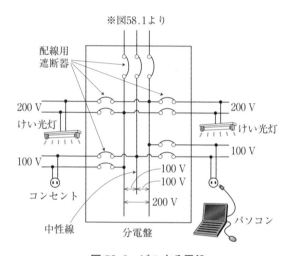

図 58.2　ビル内分電盤

解説

ここから2つのQにわたり，**故障計算**を取り上げます．1つ目のQは，**単相3線式**（以下「単3」という）の**中性線断線**（Q58），2つ目のQは**三相3線式**（以下「三相」という）の**断線**（Q59）の場合の計算です．また，計算だけですと現場から遊離しているようにも感じますので，単3の場合について実際に現場で起きたトラブルを紹介しました．

予備知識

電力会社で，一般家庭等に電気を供給する**配電方式**として，あるいはビルや工場の変電設備（電灯変圧器）から分電盤を経て電灯へ電気を送る**供給方式**として採用されているのが**単3**です．

単3は，**図58.1**のように単相2線式の変圧器の二次側（低圧側）コイルの中央の点を接地して，そこから**中性線**を取り出し，この**中性線**と外側の2本の線と合わせて3線で供給する方式です．このため，**中性線**と外線両線との間の電圧が100 Vで，外線の両線同士の間の電圧が200 Vとなって，2種類の電圧を取り出すことができます．したがって，**図58.2**のように一般家庭だけでなく，ビルや工場でも分電盤を設けて，負荷には**単相100 V**あるいは**単相200 V**として，それぞれ2本の配線工事を行うことになります．

次に単3の2種類の電圧の用途ですが，けい光灯や水銀灯は200 Vを，白熱灯，ハロゲン灯およびコンセントは100 Vを使用することが多いようです．

1．中性線断線時の電圧は？

図58.3のような単3回路において，消費電力が250〔W〕，1 000〔W〕の二つの負荷はともに抵抗負荷とします．**中性線が断線した**（同図の×印で断線）**場合**について，100〔V〕負荷 ab，bc の電圧がどうなるか計算します．ただし，断線によって負荷の抵抗値は変化しないものとします．

まず，消費電力 P〔W〕から抵抗値 R〔Ω〕を計算します（図58.3では計算数値を示します）．

抵抗 R〔Ω〕の両端電圧を E〔V〕，流れる電流を I〔A〕とすると，**オームの法則**を利用して，

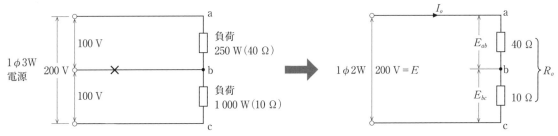

図58.3　中性線断線　　　　　図58.4　断線時の等価回路

$$P = RI^2 = R \left(\frac{E}{R} \right)^2 = R \times \frac{E^2}{R^2} = \frac{E^2}{R} \tag{58・1}$$

$$\therefore \quad R = \frac{E^2}{P} \ 〔Ω〕 \tag{58・2}$$

250〔W〕の抵抗　$R_{ab} = \dfrac{E^2}{P_{ab}} = \dfrac{100^2}{250} = 40\,Ω$

1 000〔W〕の抵抗　$R_{bc} = \dfrac{E^2}{P_{bc}} = \dfrac{100^2}{1\,000} = 10\,Ω$

したがって，単3の**中性線が断線**したときは，**図58.4**のように単相200〔V〕電源に2つの抵抗，40〔Ω〕と10〔Ω〕の直列回路になりますから，分担電圧を計算すればよいことになります．

合成抵抗　$R_o = R_{ab} + R_{bc} = 40 + 10$
$$= 50 \ 〔Ω〕$$

この回路に流れる電流を I_o〔A〕，電圧を E〔V〕とすれば，オームの法則より，

$$I_o = \frac{E}{R_o} = \frac{200}{50} = 4 \ 〔A〕$$

分担電圧 E_{ab}, E_{bc}〔V〕を計算すると，
$$E_{ab} = R_{ab}I_o = 40 \times 4 = 160 \ 〔V〕$$
$$E_{bc} = R_{bc}I_o = 10 \times 4 = 40 \ 〔V〕$$

以上の計算結果から，100〔V〕負荷は，単3のときに正常だった電圧が，中性線断線によって**ア ンバランスな電圧**が加わって，消費電力の小さい方，すなわち抵抗値の大きい方が**異常電圧**となって，支障の出てくることがわかります．

2．トラブル事例の紹介

事務所内配電盤内から屋外に電灯分電盤を増設することになった時のことでした．配電盤内の電灯主幹 MCCB 負荷側端子に増設する屋外電灯分

電盤の電源端子を共挟みするとき，元から接続されていた事務所電灯分電盤への電源端子と背中合わせにしなかったため**接触不良**となって，結果的に**中性断線**となりました．この結果，事務所内の半分近くの**けい光灯**が暗くなったり，点灯しなくなりました．また，電圧の低くなった側の**コンセ ント**が使用できなくなったり，電圧の高くなった側のコンセントに接続されていたレジスターは過電圧のため故障して使用できなくなったことがありました．（『電気 Q&A 電気設備のトラブル事例』の Q57 参照）

例題58.1　図のような単相3線式回路で，開閉器を閉じて機器Aの両端の電圧を測定したところ 150〔V〕を示した．この原因は．

イ．機器Aが内部断線している．

ロ．機器Bが内部断線している．

ハ．中性線が断線している．

ニ．b線のヒューズが溶断している．

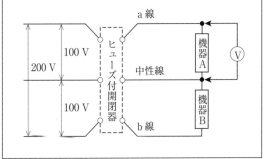

ヒント　中性線が断線すると電圧は？

正解　ハ．

137

Q 59 故障計算（2）
～三相の断線はどうなる？～

A 59

運転中に断線になっても過電流とならずサーマルリレー等では検出できないが，モータスタート時の断線は検出できる．

解説

三相の結線は，△結線と Y 結線の 2 種類がほとんどです．まれに V 結線があるので，この 3 種類を扱えば十分です．

断線を扱う前に，**表 59.1** のように正常時の電流値を理解する必要があります．正常時の三相を理解したうえ，3 種類の結線の断線のそれぞれの

場合について電流値を計算したのが**表 59.2** です．

したがって，表 59.1 と表 59.2 を比較するとわかりますが，三相，たとえばモータが**運転中断線**になっても過電流にならないためサーマルリレー等では検出できないのです．これを検出するには，欠相を検出できる 3 E リレーを使います．（『電気 Q&A 電気設備のトラブル事例』のコラム 14 参照）

しかし，**スタート時の断線**では単相運転になるため過電流が検出されます．

表 59.1　正常時の電流値

結線の種類	結線図	計算式
△ 結線	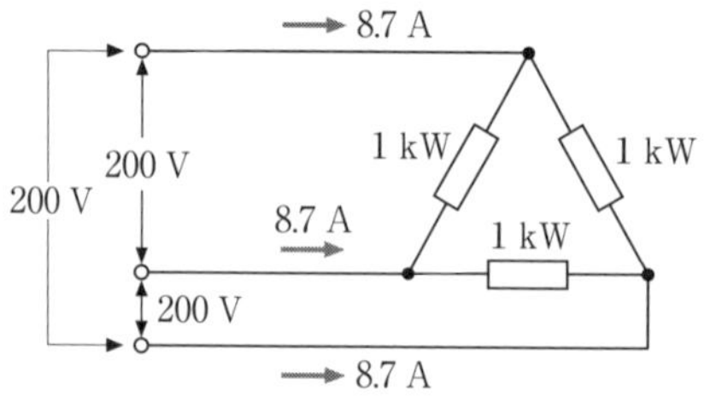	200V 1 kW 負荷の抵抗 $R〔Ω〕$ は $$R = \frac{V^2}{P} = \frac{200^2}{1\,000} = 40\ \Omega$$ 線電流　$I = \sqrt{3} \cdot \frac{E}{R} = \sqrt{3} \cdot \frac{200}{40}$ $\approx 8.7\ \mathrm{A}$
Y 結線	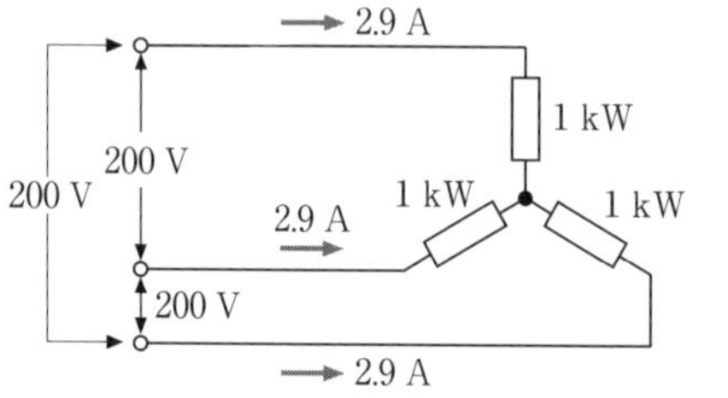	$$I = \frac{E}{R} = \frac{\dfrac{V}{\sqrt{3}}}{R} = \frac{\dfrac{200}{\sqrt{3}}}{40}$$ $\approx 2.9\ \mathrm{A}$
V 結線	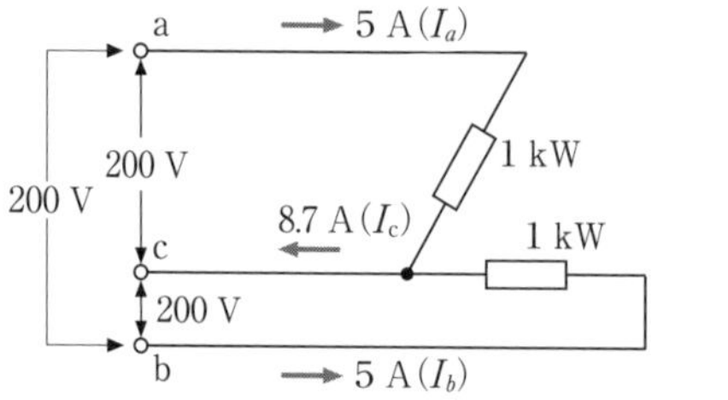	$I_a = I_b = \dfrac{V}{R} = \dfrac{200}{40} = 5\ \mathrm{A}$ $I_c = 2I_a \cos 30°$ $= 2 \times 5 \times \dfrac{\sqrt{3}}{2} \approx 8.7\ \mathrm{A}$

表59.2 故障時の電流値

結　線　図			計　算　式
△結線	線断線	a → 7.5 A 200 V 200 V 1 kW 1 kW 1 kW c 200 V ← 7.5 A b ✕	1線断線で単相となる 合成抵抗R_o〔Ω〕は， $$R_o = \frac{40 \times 80}{40 + 80} = \frac{80}{3}\ \Omega$$ $$\therefore I = \frac{V}{R_o} = \frac{200}{\dfrac{80}{3}} = 200 \times \frac{3}{80} = 7.5\ \text{A}$$
	相断線	a ← 8.7 A 200 V 200 V 1 kW 1 kW c → 5 A 200 V → 5 A b ✕ 1 kW	$$I_b = I_c = \frac{V}{R} = \frac{200}{40} = 5\ \text{A}$$ $$I_a = 2I_b \cos 30$$ $$= 2 \times 5 \times \frac{\sqrt{3}}{2} \approx 8.7\ \text{A}$$
Ｙ結線	線断線	a → 2.5 A 200 V 200 V 1 kW 1 kW 1 kW c 200 V ← 2.5 A b ✕	1線断線で単相となる． 抵抗は直列接続となり， $R_o = 40 + 40 = 80\ \Omega$ $$\therefore I = \frac{V}{R_o} = \frac{200}{80}$$ $$= 2.5\ \text{A}$$
	相断線	a → 2.5 A 200 V 200 V 1 kW 1 kW 1 kW c 200 V ← 2.5 A b	1相断線で単相となる． 抵抗は直列接続となり， $R_o = 40 + 40 = 80\ \Omega$ $$\therefore I = \frac{V}{R_o} = \frac{200}{80}$$ $$= 2.5\ \text{A}$$
Ｖ結線	c線断線	a → 2.5 A 200 V 200 V 1 kW c ✕ 1 kW 200 V b ← 2.5 A	1線断線で単相となる． 抵抗は直列接続となり， $R_o = 40 + 40 = 80\ \Omega$ $$\therefore I = \frac{E}{R_o} = \frac{200}{80}$$ $$= 2.5\ \text{A}$$
	b線断線	a → 5 A 200 V 200 V 1 kW c 1 kW 200 V ← 5 A b ✕	単相となり，負荷は一つ だけだから， $$I = \frac{P}{E} = \frac{1\,000}{200}$$ $$= 5\ \text{A}$$

139

MEMO

付 録

数 学 編

1 分数の計算

例 題 1 次の計算をしなさい.

（1） $\dfrac{1}{3} + \dfrac{1}{12} + \dfrac{1}{18}$ （2） $\dfrac{1}{\dfrac{1}{3} + \dfrac{1}{12} + \dfrac{1}{18}}$

キーポイント

1） **通分**ってわかる？
2） **最小公倍数**ってわかる？
3） 分数同士のわり算の計算方法は？

解 説

1）分母の違う分数のたし算，ひき算は，**通分**して同じ分母の分数に直して計算します.

　通分とは，分数の大きさを変えないで，いくつかの分数を共通な分母の分数に直すことをいいます.

　　　　分数 $\longrightarrow \dfrac{1}{3}$ ……分子
　　　　　　　　　　　　……分母

2）3×1，3×2，3×3，……のように3を整数倍した数を，3の**倍数**といいます. ここで，0は除いて考えます.

　3，12，18それぞれの倍数に共通な数を，3，12，18の**公倍数**といい，公倍数の中で最小のものを**最小公倍数**といいます. では，3，12，18の**最小公倍数**を求めましょう.

2つ以上の数に共通な因数でわっていく

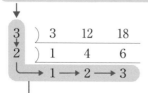

因数とは，整数がいくつかの整数の積の形で表されるとき，その1つ1つの数のことです.
例 3，2，3は18の因数

わり切れない数は，そのまま下におろす.

　　　$3 \times 2 \times 1 \times 2 \times 3 = 36$ ⟵ これが**最小公倍数**！

　★最小公倍数を求めることが共通な分母を求めること！

3）分数を分数でわる計算（繁分数）は，わる数の分子と分母を入れ替えて**かけ算**します.

　　　なお，$1 = \dfrac{1}{1}$ と考えれば，1も分数です.

プラスワン 関連用語

倍数⇔**約数** 　　　　　　ある整数があるとき，この数をわり切ることができる整数のことを**約数**といい，12の約数…1，2，3，4，6，12になります.

公倍数⇔**公約数** 　　　　12の**約数**と18の**約数**に共通な数を**公約数**といいます. ……1，2，3，6

最小公倍数⇔**最大公約数** **公約数**の中で，一番大きい**公約数**のことです.

通分⇔**約分** 　　　　　　約分は，分数の分母，分子を，**公約数**でわって，簡単な分数にすることです.

解 法 通分するときは，最小公倍数を分母にします．

分母の（3，12，18）の最小公倍数は **解 説** 2）のとおり，36ですから，

（1） $\dfrac{1}{3}+\dfrac{1}{12}+\dfrac{1}{18}=\dfrac{12}{36}+\dfrac{3}{36}+\dfrac{2}{36}=\dfrac{17}{\mathbf{36}}$ ……（答）

（2） 上記（1）のように分母は，$\dfrac{17}{36}$　$\therefore \dfrac{1}{\dfrac{1}{3}+\dfrac{1}{12}+\dfrac{1}{18}}=\dfrac{1}{\dfrac{17}{36}}$

この計算は， **解 説** 3）のとおり，わる数の分子と分母を入れ替えてかけ算しますから，

$\dfrac{1}{\dfrac{17}{36}}=1\times\dfrac{36}{17}=\dfrac{36}{17}$ ……（答）

電気への応用

分数計算は，電気計算の中で数多く使われますが，ここでは代表的な2つの例を紹介します．

1） 並列接続の合成抵抗計算

図1.1のａｂ端子間の合成抵抗値 R_0〔Ω〕は，並列接続だから，

$$R_0=\dfrac{1}{\dfrac{1}{1}+\dfrac{1}{2}+\dfrac{1}{3}}=\dfrac{1}{\dfrac{6}{6}+\dfrac{3}{6}+\dfrac{2}{6}}$$

$$=\dfrac{1}{\dfrac{11}{6}}=\dfrac{6}{11}\ \text{〔Ω〕}$$

なお，分母の（1，2，3）の最小公倍数は，6だから6で通分しています．

2） 直列接続のコンデンサの合成容量計算

図1.2のａｂ間の**合成静電容量** C_0〔μF〕は，直列接続だから，

$$C_0=\dfrac{1}{\dfrac{1}{1}+\dfrac{1}{2}}=\dfrac{1}{\dfrac{2}{2}+\dfrac{1}{2}}=\dfrac{1}{\dfrac{3}{2}}$$

$$=\dfrac{2}{3}\ \text{〔μF〕}$$

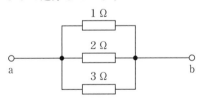

図1.1 抵抗の並列

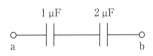

図1.2 コンデンサの直列

演習問題 1 次の計算をしなさい．

（1） $\dfrac{8}{3}\div\dfrac{12}{5}$ （2） $\dfrac{1}{5}-\dfrac{1}{6}$

（3）（12，32）の最小公倍数を求めなさい．

解 法 （1） **解 説** 3）により，

$\dfrac{8}{3}\div\dfrac{12}{5}=\dfrac{8}{3}\times\dfrac{5}{12}=\dfrac{\overset{2}{8}\times 5}{3\times\underset{3}{12}}=\dfrac{\mathbf{10}}{\mathbf{9}}$

（2） 分母の（5，6）の最小公倍数は，30だから，30で通分します．

$\dfrac{1}{5}-\dfrac{1}{6}=\dfrac{6}{30}-\dfrac{5}{30}=\dfrac{\mathbf{1}}{\mathbf{30}}$

（3）

$$4\ )\ \underline{\ 12\quad 32\ }$$
$$3\longrightarrow 8$$

$$4\times 3\times 8=\mathbf{96}$$

付
録

2 四則計算

用語 たし算のことを**加法**，ひき算のことを**減法**，かけ算のことを**乗法**，わり算のことを**除法**といい，加法，減法，乗法，除法をまとめて**四則**といいます．

例題 2 次の計算をしなさい．

（1） $(4x^2y - 2xy^2) \div (-2xy)$

（2） $\dfrac{5x - 3y}{2} - \dfrac{8x - 4y}{3}$

（3） $(a+b)(a^2 - ab + b^2)$

（4） $\dfrac{1}{x} + \dfrac{1}{x^2 - x} - \dfrac{2}{x^2 - 1}$

キーポイント

1）**負の数の約束**は？

2）**文字を使った式**を書くときの**約束**は？

3）**四則を含んだ式**の計算の**順序**は？

4）**計算法則**を知っている？

5）**多項式を展開**するとき，よく使われる**公式**は？ ⟶ テーマ9「因数分解」は，この逆！

解説

1）正・負の数をひくには，**符号を変えた数をたしてもよい**．また，2数の積・商の符号は，

同符号の2数の積・商……正，**異符号**の2数の積・商……負

$(-8) \div (-2) = +(8 \div 2) = 4 \qquad (-8) \div 2 = -(8 \div 2) = -4$

2）**文字式の約束**

① かけ算の記号×は省き，わり算の記号÷は使わないで分数の形に書きます．

$1 \times a$は，$1a$ですがaとし，$(a+b) \div 5$は，$\dfrac{a+b}{5}$または，$\dfrac{1}{5}(a+b)$と書きます．

② 文字と数の積は，数を文字の前に書きます．$a \times 4 = 4a$

③ 同じ文字の積は，指数を使って書きます．$a \times a = a^2$

3）**四則の計算の順序**

① 加減だけ，または，乗除だけの式は，左から順に計算します．

② 加減と乗除がまじっている式は，乗除を先に計算します．

③ かっこのある式は，かっこの中を先に計算します．

4）**計算法則**

交換法則	$a + b = b + a \quad a \times b = b \times a$
結合法則	$(a+b) + c = a + (b+c) \qquad (a \times b) \times c = a \times (b \times c)$
分配法則	$(a+b) \times c = a \times c + b \times c \qquad a - b - c = a - (b+c)$

5）**乗法公式**

$(a \pm b)^2 = a^2 \pm 2ab + b^2 \quad (2.1) \qquad (x+a)(x+b) = x^2 + (a+b)x + ab \qquad (2.3)$

$(a+b)(a-b) = a^2 - b^2 \quad (2.2) \qquad (ax+b)(cx+d) = acx^2 + (ad+bc)x + bd \quad (2.4)$

$$(a+b)^3 = a^3 + 3a^2b + 3ab^2 + b^3 \quad (2.5) \qquad (a+b)(a^2-ab+b^2) = a^3+b^3 \quad (2.7)$$
$$(a-b)^3 = a^3 - 3a^2b + 3ab^2 - b^3 \quad (2.6) \qquad (a-b)(a^2+ab+b^2) = a^3-b^3 \quad (2.8)$$

解 法

（1）**解説** 3)−②のとおり，先に除算を行います．

$$(4x^2y - 2xy^2) \div (-2xy) = \frac{4x^2y - 2xy^2}{(-2xy)}$$

$$= \frac{\overset{2}{4x^2 y}}{(-2xy)} - \frac{2xy^2}{(-2xy)} = -2x + y$$

（2）分母（2，3）の最小公倍数は 6 だから，

$$\frac{5x-3y}{2} - \frac{8x-4y}{3} = \frac{3(5x-3y)}{6} - \frac{2(8x-4y)}{6}$$

$$= \frac{15x-9y-(16x-8y)}{6} = \frac{15x-9y-16x+8y}{6}$$

$$= \frac{-x-y}{6} = -\frac{x+y}{6}$$

（3）$a^2 - ab + b^2$ を 1 つのものとして，これを c とすると，**分配法則**により，

$$(a+b)(a^2-ab+b^2)$$
$$= a(a^2-ab+b^2) + b(a^2-ab+b^2)$$
$$= a^3 - a^2b + ab^2 + a^2b - ab^2 + b^3 = a^3 + b^3$$

（4）$x^2 - x = x(x-1)$, $x^2 - 1 = (x+1)(x-1)$ *
により，分母の**最小公倍数** $x(x+1)(x-1)$ を共通の分母にして通分します．

$$\frac{1}{x} + \frac{1}{x^2-x} - \frac{2}{x^2-1} = \frac{1}{x} + \frac{1}{x(x-1)} - \frac{2}{(x+1)(x-1)}$$

$$= \frac{(x+1)(x-1) + (x+1) - 2x}{x(x+1)(x-1)} = \frac{x^2 - 1 + x + 1 - 2x}{x(x+1)(x-1)}$$

$$= \frac{x^2 - x}{x(x+1)(x-1)} = \frac{x(x-1)}{x(x+1)(x-1)} = \frac{1}{x+1}$$

＊テーマ 9 の因数分解参照

電気への応用

抵抗温度係数

あるモータの巻線抵抗を測ったら，20〔℃〕のとき 1〔Ω〕であった．試験成績書のデータは，75〔℃〕ですから，75〔℃〕のときは何〔Ω〕になるか計算します．ただし，0〔℃〕のときの**抵抗温度係数** $\alpha_0 = \dfrac{1}{234.5}$〔℃$^{-1}$〕とします．

75〔℃〕のときの抵抗を R_{75}〔Ω〕，20〔℃〕のときの抵抗を R_{20}〔Ω〕，0〔℃〕のときの抵抗を R_0〔Ω〕とすれば，

$$R_{75} = R_0(1 + \alpha_0 \times 75)$$
$$R_{20} = R_0(1 + \alpha_0 \times 20)$$

$$\therefore \frac{R_{75}}{R_{20}} = \frac{R_0(1 + 75\alpha_0)}{R_0(1 + 20\alpha_0)} = \frac{1 + 75 \times \dfrac{1}{234.5}}{1 + 20 \times \dfrac{1}{234.5}}$$

$$= \frac{\dfrac{234.5 + 75}{234.5}}{\dfrac{234.5 + 20}{234.5}} = \frac{\dfrac{309.5}{234.5}}{\dfrac{254.5}{234.5}} = \frac{309.5}{234.5} \times \frac{234.5}{254.5}$$

$$= \frac{309.5}{254.5}$$

$$\therefore R_{75} = R_{20} \frac{309.5}{254.5} = 1 \times \frac{309.5}{254.5} = 1.216 \ \text{〔Ω〕}$$

演習問題2 次の計算をしなさい．

（1）$9a^2 + 6a(b+c) + (b+c)^2$

（2）$\dfrac{b-c}{bc} + \dfrac{c-a}{ca} + \dfrac{a-b}{ab}$

$$9a^2 + 6a(b+c) + (b+c)^2$$
$$= 9a^2 + 6ab + 6ca + b^2 + 2bc + c^2$$
$$= 9a^2 + b^2 + c^2 + 6ab + 2bc + 6ca$$

（2）分母の**最小公倍数** abc を共通な分母にして通分すると，

$$\frac{b-c}{bc} + \frac{c-a}{ca} + \frac{a-b}{ab} = \frac{a(b-c) + b(c-a) + c(a-b)}{abc}$$

$$= \frac{ab - ca + bc - ab + ca - bc}{abc} = \frac{0}{abc} = 0$$

解 法 （1）**結合法則**，公式（2.1）を使います．

3 一次方程式

文字を含む等式を**方程式**といい,方程式にあてはまる文字の値を方程式の**解**または**根**といい,その解を求めることを**方程式を解く**といいます.

例 題 3 次の方程式を解きなさい.

(1) $5(3-x)=15-x$　　(2) $2x-\dfrac{1}{3}=1$

(3) $\dfrac{3x-7}{5}=\dfrac{x+1}{2}$

キーポイント

1) 等式の性質は?

2) 一次方程式の解き方は?

解　説

1) **等式の性質**

① 等式は,その両辺に同じ数を加えても,等式は成立します.

$$a=b ならば,\ a+c=b+c$$

② 等式は,その両辺から同じ数をひいても,等式は成立します.

$$a=b ならば,\ a-c=b-c$$

③ 等式は,その両辺に同じ数をかけても,等式は成立します.

$$a=b ならば,\ ac=bc$$

④ 等式は,その両辺を同じ数でわっても,等式は成立します.

$$a=b ならば,\dfrac{a}{c}=\dfrac{b}{c}\ \ ただし,\ c\neq0$$

2) **一次方程式を解く順序**

① かっこがあればかっこをはずし,係数に分母があれば分母をはらいます.

② 文字を含む項を一方の辺に,数の項を他方の辺に集めます(移項).移項すると符号が変わる!

③ $ax=b$ の形にします.

④ 両辺を x の係数 a でわります.

解　法

(1) かっこをはずします.

$$15-5x=15-x$$

移項して,$-5x+x=15-15$

$$-4x=0\ \ \therefore\ \ x=0$$

(2) 両辺に3をかけて,分母をはらいます.

$$6x-1=3$$

移項して,$6x=3+1=4$

両辺を6でわって,

$$x=\dfrac{4}{6}=\dfrac{2}{3}$$

146

（3） 分母の最小公倍数10を両辺にかけて，分母をはらいます．

$$\overset{2}{\cancel{10}} \times \frac{3x-7}{\cancel{5}} = \overset{5}{\cancel{10}} \times \frac{x+1}{\cancel{2}}$$

$$2(3x-7) = 5(x+1)$$

かっこをはずします．

$$6x-14 = 5x+5$$

移項して，$6x-5x = 5+14$

$$\therefore \quad \boldsymbol{x = 19}$$

電気への応用

分流器，倍率器

　分流器，倍率器の抵抗を計算するには，公式を覚えるより，**オームの法則**として考えると未知数が１つなので，**一次方程式**の問題になります．

　電流計の測定範囲を拡大するために用いられる抵抗器を**分流器**といい，図3.1のように内部抵抗$r_a = 2$〔Ω〕，最大目盛$I_a = 20$〔mA〕の電流計に分流器R〔Ω〕を接続して$I = 0.1$〔A〕の電流を測りたい．ここで一次方程式を立てて分流器R〔Ω〕の値を計算します．

　図3.1において，分流器の抵抗Rに流れる電流は，

$$I - I_a = 0.1 \times 10^3 - 20 = 100 - 20$$
$$= 80 \text{〔mA〕}$$

であり，電流計の両端電圧V_a〔V〕は，分流器Rの電圧に等しいから，オームの法則より，

$$V_a = I_a r_a = 20 \times 10^{-3} \times 2 = 40 \times 10^{-3} \text{〔V〕}$$
$$= (I - I_a)R = 80 \times 10^{-3}R \text{〔V〕}$$
$$\therefore \quad R = \frac{40 \times 10^{-3}}{80 \times 10^{-3}} = \boldsymbol{0.5} \text{〔Ω〕}$$

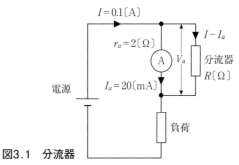

図3.1　分流器

　なお，**倍率器**は電圧計の測定範囲の拡大に用いられる抵抗器で，分流器の計算と同様に**オームの法則**から簡単に求めることができます．

演習問題3

1．次の方程式を解きなさい．
（1）　$3y + 2(4y-7) - 41 = 0$
（2）　$0.2x - 4 = 0.1x + 4$
（3）　$\dfrac{3}{4}y - \dfrac{1}{2} = 1 + \dfrac{2}{3}y$

2．何人かの子どもがいる．この子どもたちに鉛筆を7本ずつ配ると12本足りないので，5本ずつにするとちょうどであったという．子どもの人数を求めなさい．

解　法　1．（1）　$3y + 8y - 14 - 41 = 0$

$$11y - 55 = 0$$

移項して，$11y = 55$　　$\therefore \quad \boldsymbol{y = 5}$

（2）　$0.2x - 0.1x = 4 + 4$

$$0.1x = 8 \qquad \therefore \quad \boldsymbol{x = 80}$$

（3）　2，3，4の最小公倍数の12を両辺にかけて，分母をはらいます．

$$\overset{3}{\cancel{12}} \times \frac{3}{\cancel{4}}y - \overset{6}{\cancel{12}} \times \frac{1}{\cancel{2}} = 12 \times 1 + \overset{4}{\cancel{12}} \times \frac{2}{\cancel{3}}y$$

$$9y - 6 = 12 + 8y$$
$$9y - 8y = 12 + 6$$
$$\therefore \quad \boldsymbol{y = 18}$$

2．子どもの数をx人とすると，鉛筆の数は$5x$（本）あることになります．

　7本ずつ配ると12本足りないから鉛筆の数は$(7x - 12)$本です．鉛筆の数は変わらないから，

$$5x = 7x - 12 \quad -2x = -12$$
$$\therefore \quad \boldsymbol{x = 6} \qquad \text{（答）6人}$$

4 比例，反比例

用語 比例のことを**正比例**，反比例のことを逆比例とも表現します．

> **例題 4** 次のx，yの関係を式に表してください．
> （1） yがxに比例し，$x = 8$のとき $y = 16$である．
> （2） yがxに反比例し，$x = 3$のとき $y = 7$である．

キーポイント

1）比例とは？ 比例の関係を式で表すと？
2）反比例とは？ 反比例の関係を式で表すと？
3）比例，反比例の式から関数とは？
4）比例，反比例の関係をグラフに表すと？

解 説

1） **比例の関係**

> 一般に，変数x，yがあって，その間の関係が
>
> $$y = ax \qquad a \neq 0 \ （aは0でない）\qquad （4．1）$$
>
> で表されるとき，yはxに**比例**するといい，aは定数ですが比例関係を表すとき**比例定数**といいます．また，比例関係にあるとき，$\boldsymbol{y \propto x}$と表現します．

2） **反比例の関係**

> 一般に，変数x，yがあって，その間の関係が
>
> $$y = \frac{a}{x} \qquad a \neq 0 \ （aは0でない）\qquad （4．2）$$
>
> で表されるとき，yはxに**反比例**するといい，このときaを**比例定数**といいます．
>
> また，式（4．2）の反比例の関係を$\boldsymbol{y \propto x^{-1}}$，または$\boldsymbol{y \propto \dfrac{1}{x}}$と表現します．

3） **関 数**

> 一般に，2つの変数x，yがあって，xの値を決めると，それに対応して，yの値が1つ決まるとき，yはxの**関数**といい，比例，反比例は関数です．なお，比例は，関数の中で一番簡単なものです．ここで**変数**とは，いろいろな値をとる文字のことです．

4） **比例，反比例のグラフ**

① **比例のグラフ**

比例のグラフは，**図4.1**のように原点を通る**直線**です．同図の$y = 2x$と$y = -2x$のグラフからわかるように比例定数aが

$a > 0$では，右上りの直線

$a < 0$では，右下りの直線

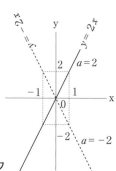

図4.1 比例のグラフ

② 反比例のグラフ

反比例のグラフは，**図4.2**のように**双曲線**になります．

なお，反比例の関係は，式（4．2）から

$$xy = a$$

と書き直すことができます．したがって，反比例の関係は，積 xy が一定ということになります．

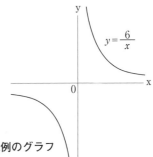

$y = \dfrac{6}{x}$

図4.2　反比例のグラフ

解　法

（1）　$x = 8$，$y = 16$ を式（4．1）に代入して，

$$16 = 8a \quad \therefore \quad a = 2$$

よって，　$\boldsymbol{y = 2x}$

（2）　$x = 3$，$y = 7$ を式（4．2）に代入して，

$$3 \times 7 = 21 = a \quad \therefore \quad \boldsymbol{xy = 21}$$

または，　$\boldsymbol{y = \dfrac{21}{x}}$

電気への応用

電線の抵抗

オームの法則は，「電流は電圧に比例し，抵抗に反比例する」というものです．したがって，**オームの法則**こそ，比例・反比例の関係の代表的なものです．そこで，ここでは**抵抗率**を取り上げ，**電線の抵抗**を考えます．

電線の抵抗 R〔Ω〕は，材質が同じであれば，電線の長さ l〔m〕に比例し，断面積 S〔m²〕に反比例します．この関係は，$R \propto \dfrac{l}{S}$ だから，比例定数を ρ とすれば，

$$R = \rho \, \frac{l}{S} \, 〔\Omega〕 \quad （4．3）$$

ここで，ρ は**抵抗率**とよばれ，単位は〔Ω・m〕ですが，実際には〔Ω・mm²/m〕が使われます．

断面積が 2〔mm²〕で長さ 20〔m〕の軟銅線 A と，断面積が 8〔mm²〕で長さ 40〔m〕の軟銅線 B があるとき，B の電気抵抗は A の電気抵抗の何倍かを計算します．

抵抗率は同じで ρ〔Ω・mm²/m〕とすれば，

$$R_A = \rho \times \frac{20}{2} = 10\rho, \quad R_B = \rho \times \frac{40}{8} = 5\rho$$

$$\therefore \quad \frac{R_B}{R_A} = \frac{5\rho}{10\rho} = \frac{1}{2}$$

演習問題4　次の（1）～（3）について，y は x の関数である．y を x の式で表しなさい．また，比例するもの，反比例するものはどれか答えなさい．

（1）　350ページの本を読んでいるとき，読んだページ数 x と残りのページ数 y

（2）　1ダース600円の鉛筆がある．この鉛筆の本数 x と，その代金 y 円，

（3）　20 L 入る容器に，毎分 x〔L〕の割合で水を入れるとき，一杯になるまでの時間 y 分

解　法　（1）　350ページの本を x ページ読むと，残りのページ数 y は，$\boldsymbol{y = 350 - x}$

（2）　1ダース＝12本，これが600円だから，鉛筆1本は，$\dfrac{600}{12} = 50$ 円

したがって，鉛筆 x 本なら，鉛筆の代金 y は，

$$\boldsymbol{y = 50x}$$

（3）　x〔L/分〕で水を入れると，y 分で容器一杯の 20〔L〕だから，

$$\boldsymbol{xy = 20} \quad \text{または，} \quad y = \frac{20}{x}$$

比例……（2），反比例……（3）

5 図形の合同，相似

対頂角，同位角，錯角の意味をしっかり把握してください．

例 題 5 下の図の三角形は，同じ印をつけた辺の長さが等しい二等辺三角形です．わかっていない内角の大きさを求めなさい．

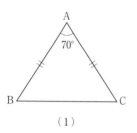

（1）

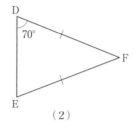

（2）

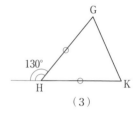

（3）

キーポイント

1）対頂角，同位角，錯角の意味は？
2）三角形の合同条件とは？
3）三角形の相似条件とは？
4）合同が二等辺三角形に利用できるか？

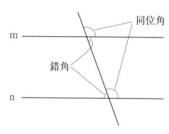

図 5.2　m∥n の場合

解 説

1）**対頂角，同位角，錯角とは？**

① 2直線 l，mが交わってできる4つの角のうち，図5.1に示す∠bと∠d，∠aと∠cをそれぞれ**対頂角**といい，**対頂角**は等しい．

② 2直線が平行であれば，**同位角**，**錯角**は等しくなる（図5.2）．2直線m，nが平行のとき，m∥nと表す．

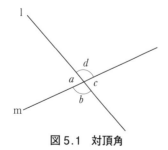

図 5.1　対頂角

2）**三角形の合同条件**

2つの三角形は，次の各場合に合同です．

・ 3辺がそれぞれ等しいとき
・ 2辺とその間の角がそれぞれ等しいとき
・ 1辺とその両端の角がそれぞれ等しいとき

なお，2つの三角形が**合同**であるとき，**記号**≡を使って，△ABC≡△A′B′C′と書きます．

3）**三角形の相似条件**

2つの三角形は，次の各場合に相似です．

・ 3組の辺の比がすべて等しいとき
・ 2組の辺の比が等しく，その間の角が等しいとき
・ 2組の角が等しいとき

なお，2つの三角形が**相似**であるとき，**記号**∽を使って，△ABC∽△A′B′C′と書きます．

4）二等辺三角形

二等辺三角形とは，2つの辺が等しい三角形です．
図5.3のようにAB＝ACの二等辺三角形では，等しい辺の
つくる角∠Aを**頂角**，頂角に対する辺BCを**底辺**，底辺の
両端の角∠B，∠Cを**底角**といいます．
合同条件から，二等辺三角形では，次の性質があります．

① 二等辺三角形の2つの底角は等しい．
② 頂角の二等分線は，底辺を垂直に2等分する．

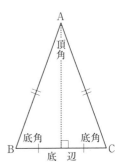

図5.3
二等辺三角形

解　法　例題5のキーポイントは，
"**三角形の3つの内角の和は180°**"を知って
いるかです．

（1）△ABCは，二等辺三角形ですから，
2つの底角∠B＝∠C＝aとおくと，内角の
和は，180° だから，

$$2a + 70° = 180°　　2a = 180° - 70° = 110°$$

∴　$a = \mathbf{55°} = \mathbf{∠B} = \mathbf{∠C}$

（2）△FDEは二等辺三角形だから，2つの

底角は等しくなるから，∠E＝∠D＝**70°**
内角の和は，180° だから，

$$∠E + ∠D + ∠F = 180°$$

∴　$∠F = 180° - (∠E + ∠D) = 180° - 140° = \mathbf{40°}$

（3）底角は等しいから，∠G＝∠K＝a
"三角形の1つの外角は，そのとなりにない2つ
の内角の和に等しい"から，130°＝2a

∴　$a = \mathbf{65°} = \mathbf{∠G} = \mathbf{∠K}$　また，∠H＋130°＝180°

∴　$∠H = 180° - 130° = \mathbf{50°}$

電気への応用

電圧降下計算

送電線や配電線の電圧降下計算では，交流の
場合，位相がありますから，電流は受電端電圧
より遅れます．したがって，**ベクトル図は図5.4**
（b）のようになり，**三角形の相似条件**を利用する
ことによって電圧降下の計算が可能になります．

△ABC，△DBEに注目して，∠C＝∠E＝∠R，
対頂角は等しいから，**△ABC∽△DBE**

∴　∠BAC＝∠BDE＝$θ$

よって，**△DCFの直角三角形を利用して**計算が可能になります．（略）

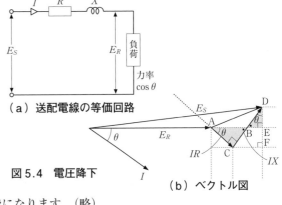

（a）送配電線の等価回路

図5.4　電圧降下

（b）ベクトル図

演習問題5　AD//BCの
台形ABCDで，AB＝4 cm，
BC＝9 cm，CD＝5 cm，DA
＝6 cmとする．
辺BA，CDを延長した直線
の交点をOとするとき，
OA，ODは，それぞれ何cm
か．

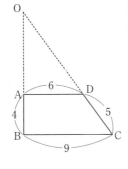

解　法　台形とは，向かい合った1組の辺が
平行な四角形ですから，AD // BC

△OAD，△OBCで

∠Oは共通，∠OAD＝∠OBC（同位角）

∴△OAD ∽ △OBC

ここで，OA＝x〔cm〕，OD＝y〔cm〕とすると，
相似であれば，各組の辺の比はすべて等しいから，

$$\frac{x}{x+4} = \frac{6}{9} = \frac{y}{y+5}$$

∴$x = 8$，$y = 10$　（答）**OA：8 cm，OD：10 cm**

6 連立方程式

用 語 ここで扱うのは**2元一次の連立方程式**ですが，**2元**というのは未知数が x，y の2つであることを意味します.

例 題 6 次の連立方程式を解きなさい.

（1）$\begin{cases} y = 3x - 22 \\ 2x + 3y = 0 \end{cases}$

（2）$\begin{cases} \dfrac{1}{4}x = \dfrac{2}{5}y + 4 \\ \dfrac{1}{5}y + \dfrac{1}{4}x = -20 \end{cases}$

キーポイント

1）連立方程式の解き方には3つあることを知っている？ ⟶ 代入法，加減法，行列式

2）3元以上の連立方程式には行列式が有効？

解 説

連立方程式の解き方は？

（1）**代入法**

例題6 の 解法 （1）のように，どちらかの式から x または y の式を作り，これをもう一つの式に代入して x または y の文字を消去する方法です.

（2）**加減法**

例題6 の 解法 （2）のように，一方の文字の係数をそろえ，その左辺と左辺，右辺と右辺をたすかひくかして，その文字を消去する方法です.

（3）**行列式**

2元一次連立方程式

$\begin{cases} a_1 x + b_1 y = c_1 \cdots\cdots\cdots ① \\ a_2 x + b_2 y = c_2 \cdots\cdots\cdots ② \end{cases}$

①，②の x，y の係数を書き出すと，

$\begin{matrix} a_1 & & b_1 \\ \ominus\ a_2 & & b_2\ \oplus \end{matrix}$

の順に並べた左上から右下にとった積 $a_1 b_2$ には ＋，右上から左下にとった積 $a_2 b_1$ には－の符号をつけた和が x，y の分母になり，これを

$\Delta = \begin{vmatrix} a_1 & b_1 \\ a_2 & b_2 \end{vmatrix} = a_1 b_2 - a_2 b_1 \qquad (6.1)$

同様に x の分子は，

$\Delta x = \begin{vmatrix} c_1 & b_1 \\ c_2 & b_2 \end{vmatrix} = b_2 c_1 - b_1 c_2 \qquad (6.2)$

y の分子は，

$\Delta y = \begin{vmatrix} a_1 & c_1 \\ a_2 & c_2 \end{vmatrix} = a_1 c_2 - a_2 c_1 \qquad (6.3)$

とすると，連立方程式①，②の解は，

$x = \dfrac{\Delta x}{\Delta} = \dfrac{\begin{vmatrix} c_1 & b_1 \\ c_2 & b_2 \end{vmatrix}}{\begin{vmatrix} a_1 & b_1 \\ a_2 & b_2 \end{vmatrix}} \qquad (6.4)$

$y = \dfrac{\Delta y}{\Delta} = \dfrac{\begin{vmatrix} a_1 & c_1 \\ a_2 & c_2 \end{vmatrix}}{\begin{vmatrix} a_1 & b_1 \\ a_2 & b_2 \end{vmatrix}} \qquad (6.5)$

となり，機械的に求めることができます.

解 法

（1） **代入法**で解きます．

$$\begin{cases} y = 3x - 22 \cdots\cdots\cdots① \\ 2x + 3y = 0 \cdots\cdots\cdots② \end{cases}$$

式①を式②に代入すると，

$$2x + 3(3x - 22) = 0$$
$$2x + 9x - 66 = 0$$
$$11x = 66$$
$$\therefore x = \frac{66}{11} = 6$$

これを式①に代入して，

$$y = 3 \times 6 - 22 = 18 - 22 = -4$$

（答） $x = 6$，$y = -4$

（2）
$$\begin{cases} \dfrac{1}{4}x = \dfrac{2}{5}y + 4 \cdots\cdots\cdots\cdots① \\ \dfrac{1}{5}y + \dfrac{1}{4}x = -20 \cdots\cdots② \end{cases}$$

式①，②とも分母の最小公倍数は20だから，これを共通の分母にして整理すると，

$$5x - 8y = 80 \cdots\cdots\cdots\cdots③$$
$$5x + 4y = -400 \cdots\cdots\cdots④$$

xの係数が同じだから**加減法**で解きます．

③－④ $-12y = 480$ $\therefore y = -40$

これを式④に代入して，

$$5x + 4 \times (-40) = -400$$
$$5x = -400 + 160 = -240 \quad \therefore x = -48$$

（答） $x = -48$，$y = -40$

電気への応用

キルヒホッフの法則

　回路の電流を求めるには，オームの法則が使われますが，電源が２つ以上ある場合では，オームの法則は適用できません．**図6.1**のような直流回路の電流I_1，I_2，I_3を求めるには，**キルヒホッフの法則**か重ねの理を適用するのがふつうです．ここでは，**キルヒホッフの法則**を適用し，抵抗R_1，R_2，R_3それぞれに流れる電流の向きを**図6.2**のように仮定すると，次の**3元一次連立方程式**が成立します．

第１法則より，$I_1 + I_2 - I_3 = 0 \cdots\cdots①$

第２法則より，回路1；$3I_1 - 2I_2 = 15 \cdots\cdots②$

　　　　　　回路2；$2I_2 + 3I_3 = 36 \cdots\cdots③$

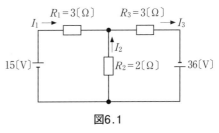

図6.1

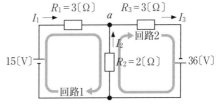

図6.2　電流の向きを仮定

演習問題6 上記の3元一次連立方程式を解きなさい．

解 法
3元一次連立方程式をまともに解くには，行列式を使います．ここでは，一度，2元一次連立方程式にしてから**加減法**で解きます．

式①より，$I_2 = I_3 - I_1$　　　……………④

式④を式②，③にそれぞれ代入して，

②；$3I_1 - 2(I_3 - I_1) = 15$
　　$3I_1 - 2I_3 + 2I_1 = 15$
　$\therefore 5I_1 - 2I_3 = 15$　　……………⑤

③；　$2(I_3 - I_1) + 3I_3 = 36$
　　　$2I_3 - 2I_1 + 3I_3 = 36$
　$\therefore -2I_1 + 5I_3 = 36$　　……………⑥

⑤×5＋⑥×2　　　$25I_1 - 10I_3 = 75$
　　　　　　＋$\big)\ -4I_1 + 10I_3 = 72$
　　　　　　　　$21I_1 \qquad\qquad = 147$
　　　　　　　$\therefore I_1 = 7$

これを式⑤に代入して，

　$5 \times 7 - 2I_3 = 15$　　$-2I_3 = 15 - 35 = -20$
　$\therefore I_3 = 10$

$I_1 = 7$，$I_3 = 10$を式④に代入して，

$I_2 = 10 - 7 = 3$　（答）$I_1 = 7$，$I_2 = 3$，$I_3 = 10$

7 一次関数のグラフ

正比例は，一次関数の特別なものであり，グラフの「切片」の意味を理解しましょう.

例 題 7 次の問いに答えなさい.

（1） $x - 3y = 9$ のグラフを書きなさい.

（2） 2点 $(-2, -3)$，$(2, -5)$ を通る直線の式を求めなさい.

キーポイント

1）一次関数のグラフが書けるか？

2）グラフから一次関数の式がわかるか？

3）計算によって一次関数の式が求められるか？

4）連立方程式とグラフの関係は？

解 説

1）一次関数のグラフは？

・一次関数は，一般に

　　$y = ax + b$　　a, b は定数，$a \neq 0$，なお，$b = 0$ の場合は $y = ax$ となり，正比例の関係です．したがって，正比例は一次関数の特別なものです．

・一次関数 $y = ax + b$ のグラフは，**傾き a の直線**で，**点 $(0, b)$** を通ります．b のことを**切片**といいます．

2）グラフから一次関数の式は？

　一次関数の式 $y = ax + b$ を求めるには，傾き a，切片 b を読みとります．

3）計算による一次関数の式は？

　2点の座標が与えられれば，$y = ax + b$ の式に代入して，a, b の**連立方程式**を解きます．

4）連立方程式とグラフ

　　連立方程式 $\begin{cases} a_1 x + b_1 y = c_1 & \cdots\cdots\cdots ① \\ a_2 x + b_2 y = c_2 & \cdots\cdots\cdots ② \end{cases}$

の解は，直線①,②の**交点の座標**です.

　すなわち，2つの直線があるとき，**交点の座標を求めるには**，2つの直線の式を組にした**連立方程式**を解けばよいことになります.

解 法

（1） $x - 3y = 9$ の式を変形して，

　$y = \boxed{} x + \boxed{}$ の形にします．

　　$-3y = -x + 9$

　両辺を -3 でわって，$y = \dfrac{1}{3}x - 3$

このグラフは，傾き $\dfrac{1}{3}$，切片 -3 の直線ですから**図7.1**のとおりです.

（2） 直線の式は, $y = ax + b$ ……………①

　　$x = -2$ のとき $y = -3$ を式①に代入して,

　　　　$-3 = -2a + b$ ……………②

　　$x = 2$ のとき $y = -5$ を式①に代入して,

　　　　$-5 = 2a + b$ ……………③

　②, ③の連立方程式を解きます.

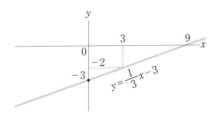

図7.1 $x - 3y = 9$ のグラフ

②－③　　$2 = -4a$ ∴ $a = -\dfrac{2}{4} = -\dfrac{1}{2}$

これを式②に代入して,

　　$-3 = -2 \times \left(-\dfrac{1}{2}\right) + b$ ∴ $b = -4$

求める式は, $y = -\dfrac{1}{2}x - 4$

このグラフは, **図7.2**のとおりです.

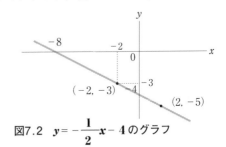

図7.2 $y = -\dfrac{1}{2}x - 4$ のグラフ

付

録

電気への応用

負荷持続曲線

　ある期間内の負荷を時刻に無関係に大きさの順に最大なものから小さいものの順に配列した曲線を**負荷持続曲線**といい, ある工場の1日の負荷持続曲線が**図7.3**のように

　　$P = 15\,000 - 400t$

　　ただし, P は負荷〔kW〕, t は時間〔h〕

で表されるとき, これは**一次関数のグラフ**です.

　この工場には, 10 000〔kW〕の自家発があって, 不足分の電力は, 電力会社から購入すると, 最大出力10 000〔kW〕一定で発電できた日の発電余剰電力量〔kWh〕（売電電力量）がこのグラフから計算できます.

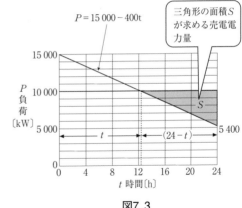

図7.3

演習問題7 1日の負荷持続曲線が図7.3のように一次関数

　　$P = 15\,000 - 400t$ …………①

で表されるとき, 次の各問に答えなさい.

（1） 縦軸の負荷, すなわち発電出力10 000〔kW〕一定と①の交点の時間 t〔h〕を求めなさい.

（2） 売電電力量は, 図7.3の面積です. これをヒントに売電電力量〔kWh〕を求めなさい.

解 法 （1） 式①に $P = 10\,000$ を代入して,

　　$10\,000 = 15\,000 - 400t$

　　$400t = 5\,000$ ∴ $t = \mathbf{12.5}$〔**h**〕

（2） $t = 24$ を式①に代入して,

　　$P = 15\,000 - 400 \times 24$

　　　$= 15\,000 - 9\,600 = 5\,400$〔kW〕

　売電電力量〔kWh〕は, 図7.3中の**面積S**ですから, **三角形の面積**を求めることになります.

　　高さ　$10\,000 - 5\,400 = 4\,600$〔kW〕

　　底辺　$24 - 12.5 = 11.5$〔h〕

　　∴ $S = \dfrac{底辺 \times 高さ}{2} = \dfrac{11.5 \times 4\,600}{2}$

　　　　$= \mathbf{26\,450}$〔**kWh**〕

8 不 等 式

用 語 ▶ 不等号を使って，2つの式の大小関係を表したものを**不等式**といいます．

例題 8 次の不等式を解きなさい．

(1) $2x - 3 > 5 + 4x$

(2) $\begin{cases} 2x + 1 > x - 2 \\ 7 - x \geqq 3x - 1 \end{cases}$

キーポイント ▶

1) 不等号の使い方は？

2) 不等式の基本性質がわかるか？

3) 不等式の解と数直線上の表現の関係がわかるか？

解 説

1) **不等号の使い方**

a が正の数であるときは，a は0より大きいことだから，**不等号を使って $a > 0$**，あるいは $0 < a$ と表します．また，a が負の数であるときは，**$a < 0$**，あるいは，**$0 > a$** で表します．

次に，a が b より大きいことは，**$a > b$**，あるいは **$b < a$** と表し，これは **$a - b > 0$** の意味です．

2) **不等式の基本性質**

① $a > b$，$b > c$ ならば，$a > c$

② $a > b$ ならば，$a \pm c > b \pm c$

③ $a > b$，$c > 0$ ならば $ac > bc$，$\dfrac{a}{c} > \dfrac{b}{c}$

$a > b$，$c < 0$ ならば $ac < bc$，$\dfrac{a}{c} < \dfrac{b}{c}$

3) **不等式の解**

文字 x を含む不等式があるとき，それにあてはまる x の値を，その不等式の**解**といいます．

不等式の解き方は，

① **移項**して，文字の項を左辺に，数の項を右辺に集めます．

② 方程式を解く手順と同じように，負の数を両辺にかけたり，両辺を負の数でわれば，**不等号の向き**が変わります．

なお，不等式の解は，**数直線上で表現**するとよくわかります．これについては，例題について，次の 解 法 で示します．

解 法 (1) 移項して，$2x - 4x > 5 + 3$

$-2x > 8$ 両辺を -2 でわって，

$$x < -4$$

この解は，数直線の太線部分です．

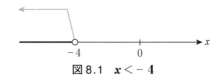

図8.1 $x < -4$

（2）　$2x+1>x-2$ より，$x>-3$ ………①

　　$7-x≧3x-1$ より，$-x-3x≧-1-7$

　　$-4x≧-8$

　　両辺を -4 でわって，$x≦2$ …………………②

　　①，②を同時に満たす x は，**図8.2** より，

　　　$-3<x≦2$

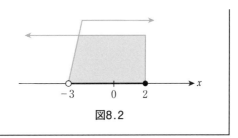

図8.2

電気への応用

直列接続のコンデンサの許容最大電圧

　図8.3 のように耐電圧の値がともに50〔V〕の 2〔μF〕のコンデンサAと 3〔μF〕のコンデンサBを直列接続した場合に，この2つのコンデンサの両端にかけられる電圧 V〔V〕，すなわち，2つのコンデンサの **総合耐電圧値** を計算する場合に **不等式** が活用されます．

　まず2つのコンデンサA，Bの合成静電容量 C_0〔μF〕は，テーマ1の **電気への応用** 2）と同様に，

$$C_0=\cfrac{1}{\cfrac{1}{2}+\cfrac{1}{3}}=\cfrac{1}{\cfrac{3}{6}+\cfrac{2}{6}}=\cfrac{1}{\cfrac{5}{6}}=\cfrac{6}{5}\,〔μF〕$$

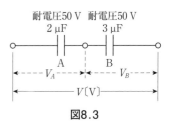

耐電圧50 V　耐電圧50 V

図8.3

　次に，2つのコンデンサA，Bは，直列接続だから電荷 Q〔C〕は，求めたいA，B両端にかけられる総合耐電圧を V〔V〕とすると，

$$Q=C_0V=\frac{6}{5}×10^{-6}V\,〔C〕$$

　ここで，2つのコンデンサA，Bそれぞれの電圧分担 V_A，V_B〔V〕は，耐電圧50〔V〕以下ですから，

$$V_A=\frac{Q}{C_A}=\cfrac{\cfrac{6}{5}×10^{-6}V}{2×10^{-6}}=\frac{3}{5}V≦50 ……………①$$

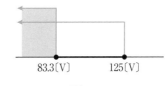

83.3〔V〕　　　125〔V〕

図8.4

$$V_B=\frac{Q}{C_B}=\cfrac{\cfrac{6}{5}×10^{-6}V}{3×10^{-6}}=\frac{2}{5}V≦50 ……………②$$

　式①より，$V≦83.3$，式②より，$V≦125$

　この2つの条件を満たす V は，**図8.4** より，$V≦83.3$〔V〕になりますから，コンデンサ両端にかけられる **許容最大電圧** は，**83.3**〔**V**〕

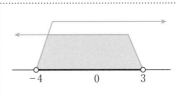

図8.5　$x>-4$，$x<3$

演習問題8　次の不等式を解きなさい．

（1）　$-5<2x+3<9$

（2）　$\begin{cases} 7-3x≦16 \\ 5x-2≦2(x-1) \end{cases}$

解 法　（1）　問題の不等式は，

$-5<2x+3$，$2x+3<9$

の2つの不等式の両方にあてはまる x の範囲を求めています．すなわち，連立不等式を解くこ

とを要求しています．

　　$-5<2x+3$ より，$2x>-8$　∴ $x>-4$

　　$2x+3<9$ より，$2x<6$　∴ $x<3$

　　この2つを満たす x は，**図8.5** より　　$-4<x<3$

（2）　$7-3x≦16$ より，$3x≧7-16$

　　　$3x≧-9$　∴ $x≧-3$

　　$5x-2≦2(x-1)$ より，$5x-2≦2x-2$

　　$3x≦-2+2$　∴ $x≦0$

　　この2つを満たす x は，　　　　$-3≦x≦0$

付 録

9 因数分解

用　語 整式をいくつかの整式の積の形で表すことを**因数分解**といい，**因数分解**は，テーマ２の「**乗法の公式**」すなわち，**整式の展開**の逆の計算です．

例 題 9 次の式を因数分解しなさい．
（１）　$a^2 - 10a + 25$ 　　　　　（２）　$3a^4 - 3b^4$
（３）　$x^2 + x - 20$ 　　　　　　（４）　$x^3 + 6x^2 + 12x + 8$
（５）　$8a^3 - b^3$

キーポイント

１）因数分解の方法を知っているか？
２）たすきがけとは？

解　説

　因数分解の方法

① **共通因数**

　式の各項に共通な因数があるとき，**共通因数**を見つけてくくり出します．

$$mx + my = m(x + y) \tag{9.1}$$

② **乗法の公式**（テーマ２参照）を利用します．

$$a^2 + 2ab + b^2 = (a+b)^2, \quad a^2 - 2ab + b^2 = (a-b)^2 \tag{9.2}$$
$$a^2 - b^2 = (a+b)(a-b) \tag{9.3}$$
$$x^2 + (a+b)x + ab = (x+a)(x+b) \tag{9.4}$$
$$acx^2 + (ad+bc)x + bd = (ax+b)(cx+d) \tag{9.5}$$
$$a^3 + b^3 = (a+b)(a^2 - ab + b^2), \quad a^3 - b^3 = (a-b)(a^2 + ab + b^2) \tag{9.6}$$

２）たすきがけとは？

　公式（9.5）のような場合，たすきがけにして，因数を見つけます．

解　法

（１）　$a^2 - 10a + 25 = a^2 - 2a \cdot 5 + 5^2$
$$= (\boldsymbol{a - 5})^2$$

公式（9.2）を利用

（２）　$3a^4 - 3b^4 = 3(a^4 - b^4)$
$$= 3\{(\boldsymbol{a^2})^2 - (\boldsymbol{b^2})^2\} \quad 公式（9.3）$$
$$= 3(\boldsymbol{a^2 + b^2})(\boldsymbol{a^2 - b^2}) \quad 公式（9.3）$$
$$= 3(\boldsymbol{a^2 + b^2})(\boldsymbol{a + b})(\boldsymbol{a - b})$$

（３）　たすきがけで計算します．

$$\therefore x^2 + x - 20 = (\boldsymbol{x - 4})(\boldsymbol{x + 5})$$

(4) $x^3 + 6x^2 + 12x + 8$
 $= x^3 + 3 \cdot x^2 \cdot 2 + 3 \cdot x \cdot 2^2 + 2^3$
 $= (x+2)^3$　　公式（2．5）の逆

(5) $8a^3 - b^3$
 $= (2a)^3 - b^3$
 $= (2a-b)\{(2a)^2 + 2a\cdot b + b^2\}$
 $= (2a-b)(4a^2 + 2ab + b^2)$
 公式（9．6）を利用

電気への応用

二次方程式や分数式の途中計算過程

　因数分解が直接に電気計算に利用されることは，まれです．しかし，**二次方程式**を解くうえで因数分解ができれば利用したり，**分数式**の途中計算過程で分母の整式が因数分解できれば，因数分解して最小公倍数を求めて共通な分母にします．したがって，電気の計算では因数分解は二次方程式や分数式に多く利用されるので，マスターしておく必要があります．

　二次方程式は，テーマ12で扱いますので，ここでは**分数式**で因数分解が利用される例を紹介します．

$$\frac{4x}{x^2-1} - \frac{x-1}{x^2+x}$$

を計算するのに，

　第1項の分母　$x^2-1 = (x+1)(x-1)$
　第2項の分母　$x^2+x = x(x+1)$

のように**因数分解**して，**最小公倍数**は

　$x(x+1)(x-1)$ になるから，

これを共通の分母にして通分します．

$$\frac{4x}{x^2-1} - \frac{x-1}{x^2+x} = \frac{4x}{(x+1)(x-1)} - \frac{x-1}{x(x+1)}$$
$$= \frac{4x\cdot x}{x(x+1)(x-1)} - \frac{(x-1)^2}{x(x+1)(x-1)}$$
$$= \frac{4x^2 - (x^2 - 2x + 1)}{x(x+1)(x-1)}$$
$$= \frac{3x^2 + 2x - 1}{x(x+1)(x-1)} = \frac{(3x-1)(x+1)}{x(x+1)(x-1)}$$
$$= \frac{3x-1}{x(x-1)}$$

演習問題9

1. 次の式を因数分解しなさい.
　(1)　$6x^2 + 8xy - 8y^2$
　(2)　$(x-y)x^2 + (y-x)y^2$

2. 次の計算をしなさい。
　$$\frac{x^2-4x-5}{x-2} \div \frac{x^2+x}{x^2-5x+6}$$

(2)　$(x-y)x^2 + (y-x)y^2$
　$= (x-y)x^2 - (x-y)y^2$
　$= (x-y)(x^2 - y^2)$
　$= (x-y)(x+y)(x-y)$
　$= (x-y)^2(x+y)$

解　法

1. (1)　$6x^2 + 8xy - 8y^2$
　　$= 2(3x^2 + 4xy - 4y^2)$
　　　　　をたすきがけして,

　　$3 \diagdown -2 \longrightarrow -2$
　　$1 \diagup +2 \longrightarrow +6$
　　　　　　　　　$+4$

　　$6x^2 + 8xy - 8y^2$
　　　$= 2(3x - 2y)(x + 2y)$

2. 各項の分母, 分子の因数分解できるものは,
　$x^2 - 4x - 5 = (x+1)(x-5)$
　$x^2 + x = x(x+1),\ x^2 - 5x + 6 = (x-2)(x-3)$
　$\therefore \dfrac{x^2-4x-5}{x-2} \div \dfrac{x^2+x}{x^2-5x+6}$
　$= \dfrac{(x+1)(x-5)}{x-2} \div \dfrac{x(x+1)}{(x-2)(x-3)}$
　$= \dfrac{(x+1)(x-5)}{x-2} \times \dfrac{(x-2)(x-3)}{x(x+1)} = \dfrac{(x-5)(x-3)}{x}$

159

10 無　理　数

　整数と分数を合わせたものを**有理数**，有理数以外のものを**無理数**といい，有理数と無理数は**実数**です．すなわち，**実数**は**数直線上**に表される数です．この有理数と無理数の違いは，小数で表したとき**循環小数**が**有理数**，循環しないで限りなく続く小数が**無理数**です．

例 題 10 　次の計算をしなさい．なお，分母に平方根を含むものは分母を有理化しなさい．

（1） $\sqrt{18} \times \sqrt{2}$ 　　　　　　（2） $\dfrac{\sqrt{20}}{2}$ 　　　　　（3） $(\sqrt{3}+4)(\sqrt{3}-2)$

（4） $\sqrt{50} - \dfrac{4}{\sqrt{2}}$ 　　　　　　（5） $\dfrac{2\sqrt{3}-\sqrt{5}}{\sqrt{5}+\sqrt{3}}$

キーポイント

1） 平方根とは？

2） 平方根の積と商の計算ができるか？

3） 分母の有理化とは？

解　説

1） **平方根**

　2乗してaになる数がaの平方根です．つまり，

　　$x^2 = a$ 　　　　　$(a>0)$

の根は，$\boldsymbol{x} = \pm\sqrt{\boldsymbol{a}}$ になり，記号$\sqrt{}$を**根号**といい，$\sqrt{a}$ を**ルート$\boldsymbol{a}$**と読みます．

2） **平方根の性質ときまり**

> ① 　$a>0$，$b>0$のとき，$a<b$ならば，$\sqrt{a}<\sqrt{b}$
>
> ② 　$a>0$，$b>0$のとき，
>
> $$\sqrt{a \times b} = \sqrt{a} \times \sqrt{b}, \quad \sqrt{\dfrac{a}{b}} = \dfrac{\sqrt{a}}{\sqrt{b}} \qquad (10.\ 1)$$

　③ 　$3 \times \sqrt{2}$ や$\sqrt{2} \times 3$のような積は，記号×を省いて$3\sqrt{2}$と書きます．

3） **分母の有理化**

　分母に$\sqrt{}$ を含んだ数や式は，分母と同じ数や式を分母，分子にかけて，その値を変えずに**分母に$\sqrt{}$を含まない形**，すなわち有理数にすることを**分母の有理化**といいます．

解　法

（1） 式（10. 1）より，

　　$\sqrt{18} \times \sqrt{2} = \sqrt{18 \times 2} = \sqrt{36} = \sqrt{6^2} = 6$

（2） 式（10. 1）より，

　　$\dfrac{\sqrt{20}}{2} = \dfrac{\sqrt{20}}{\sqrt{4}} = \sqrt{\dfrac{20}{4}} = \boldsymbol{\sqrt{5}}$

（3）$(\sqrt{3}+4)(\sqrt{3}-2)$

　　$= \sqrt{3}(\sqrt{3}-2) + 4(\sqrt{3}-2)$

　　$= (\sqrt{3})^2 - 2\sqrt{3} + 4\sqrt{3} - 8$

　　$= 3 + 2\sqrt{3} - 8 = \boldsymbol{-5 + 2\sqrt{3}}$

（4）　$\sqrt{50}-\dfrac{4}{\sqrt{2}}=\sqrt{25\cdot2}-\dfrac{4\sqrt{2}}{\sqrt{2}\cdot\sqrt{2}}$　分母の
有理化

$\qquad=\sqrt{5^2\cdot2}-\dfrac{\overset{2}{\cancel{4}}\sqrt{2}}{\cancel{2}}$

$\qquad=5\sqrt{2}-2\sqrt{2}=\boldsymbol{3\sqrt{2}}$

（5）　$\dfrac{2\sqrt{3}-\sqrt{5}}{\sqrt{5}+\sqrt{3}}=\dfrac{(2\sqrt{3}-\sqrt{5})(\sqrt{5}-\sqrt{3})}{(\sqrt{5}+\sqrt{3})(\sqrt{5}-\sqrt{3})}$　分母の
有理化

$\qquad=\dfrac{2\sqrt{3}\cdot\sqrt{5}-2(\sqrt{3})^2-(\sqrt{5})^2+\sqrt{5}\cdot\sqrt{3}}{(\sqrt{5})^2-(\sqrt{3})^2}$

$\qquad=\dfrac{2\sqrt{15}-6-5+\sqrt{15}}{5-3}=\dfrac{\boldsymbol{3\sqrt{15}-11}}{\boldsymbol{2}}$

◆電気への応用

消費電力の計算

　無理数は，電気の計算過程で非常に多く登場してきます．交流回路のインピーダンスや力率だけでなく，直流回路の消費電力から電流を求める計算にも**無理数**が使われます．ここでは，消費電力がわかっている場合の電流を求める計算で**無理数**が使われている例を紹介します．

　図10.1のような直流回路で抵抗$R〔Ω〕$にある電圧を加えると，電流$I〔A〕$が流れ，$P〔W〕$の電力が消費された場合の電流$I〔A〕$は，　$P=I^2R〔W〕$より，

$$I^2=\dfrac{P}{R}\quad\therefore\ I=\sqrt{\dfrac{P}{R}}\ 〔A〕$$

　次に**図10.2**のような三相交流回路の全消費電力が$3〔kW〕$のときの線電流$I〔A〕$を計算します．$R=10〔Ω〕$相電流を$I_\Delta〔A〕$とすると，全消費電力$P〔W〕$は，

$$P=3I_\Delta{}^2R=3\times\left(\dfrac{I}{\sqrt{3}}\right)^2\times R=\cancel{3}\times\dfrac{I^2}{\cancel{3}}\times R$$

$$=10I^2=3\,000$$

よって，$I^2=300$　$\therefore\ I=\pm\sqrt{300}=\pm\sqrt{3\cdot10^2}$

$\qquad\qquad\qquad\qquad=\pm\sqrt{3}\times\sqrt{10^2}=\pm10\sqrt{3}\ 〔A〕$

$I>0$だから，$I=10\sqrt{3}≒17.3〔A〕$

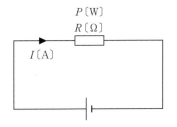

図10.1　直流回路

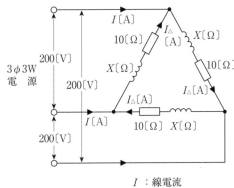

I：線電流
I_Δ：相電流

図10.2　三相交流回路

演習問題 10

1．次の式を簡単にしなさい．

　（1）$(\sqrt{3}-1)(2-\sqrt{3})$　　（2）$\sqrt{6+\sqrt{20}}$

2．図10.2中のリアクタンス$X〔Ω〕$を求めなさい．

◆解　法

（1）　$(\sqrt{3}-1)(2-\sqrt{3})$

$\qquad=\sqrt{3}(2-\sqrt{3})-1\cdot(2-\sqrt{3})$

$\qquad=2\sqrt{3}-(\sqrt{3})^2-2+\sqrt{3}$

$\qquad=2\sqrt{3}-3-2+\sqrt{3}$

$\qquad=\boldsymbol{3\sqrt{3}-5}$

（2）　$\sqrt{6+\sqrt{20}}=\sqrt{6+\sqrt{2^2\cdot5}}=\sqrt{6+2\sqrt{5}}$

$6=5+1,\ 5=5\times1$だから，

$\sqrt{6+2\sqrt{5}}=\sqrt{(\sqrt{5}+1)^2}=\boldsymbol{\sqrt{5}+1}$

2．一相当たりのインピーダンス$Z〔Ω〕$は，

$$Z=\sqrt{10^2+X^2}\ 〔Ω〕$$

$\therefore\ I_\Delta=\dfrac{V}{Z}=\dfrac{200}{\sqrt{10^2+X^2}}=\dfrac{I}{\sqrt{3}}=10$

$\qquad200=10\sqrt{10^2+X^2}$

$\therefore\ \sqrt{10^2+X^2}=20$

両辺を2乗して，　$100+X^2=400$

$\qquad X^2=400-100=300$

$\therefore\ X=\pm\sqrt{300}=\pm10\sqrt{3}$

$\qquad X>0$より，$\boldsymbol{X=10\sqrt{3}}\ 〔Ω〕$

付
録

11 三平方の定理

用語 「三平方の定理」は，別名「**ピタゴラスの定理**」ともよばれ，直角三角形の３辺の長さの関係を表す定理です．**定理**とは，証明できる事がらです．

例題 11 ２辺の長さが，次のような長方形の対角線の長さを求めなさい．

（１） 6 cm，8 cm　　　（２） 7 cm，14 cm

キーポイント

１）三平方の定理とは？

２）三角定規は２種類あるが，これって直角三角形？

解説

１） **三平方の定理**

① **三平方の定理**

図11.1のように直角三角形の直角をはさむ２辺の長さをa，b，斜辺の長さをcとすると，

$$a^2 + b^2 = c^2 \quad (11.\ 1)$$

なお，三平方の定理の逆も成り立つことが証明できます．

② **三平方の定理の逆**

$\triangle ABC$で，$BC = a$，$CA = b$，$AB = c$とするとき，

$$a^2 + b^2 = c^2 ならば，\angle C = 90°$$

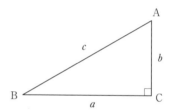

図 11.1　三平方の定理

２） **２種類の三角定規**

三角定規は，**45°の角**をもつ直角三角形と，**60°の角**をもつ直角三角形の２つあります．

この２つの直角三角形の３辺の長さの割合は，それぞれ**図11.2，11.3**のようになっています．

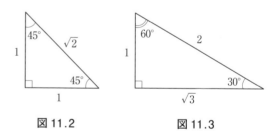

図 11.2　　　　　図 11.3

解法

（１） **図11.4**のように，6 cm，8 cmの長方形に対角線をひくと，対角線が直角三角形の斜辺になるので，**三平方の定理**により，

$$c^2 = 6^2 + 8^2$$
$$\therefore \quad c = \sqrt{6^2 + 8^2} = \sqrt{100} = \textbf{10 cm}$$

（２） **図11.5**のように，（１）と同様に対角線をひくと，対角線が直角三角形の斜辺になるので，**三平方の定理**により，

$$c^2 = 7^2 + 14^2$$
$$\therefore \quad c = \sqrt{7^2 + 14^2} = \sqrt{7^2 (1^2 + 2^2)}$$
$$= \textbf{7}\sqrt{\textbf{5}} \textbf{ cm}$$

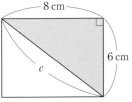

図11.4 6cm, 8cmの長方形

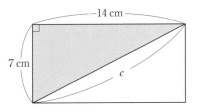

図11.5 7cm, 14cmの長方形

電力，電流およびインピーダンス

交流回路においては，回路にリアクタンスがあるため，**力率cos θ**が関係します．**力率cos θ**によって，電力，電流およびインピーダンスは，それぞれ**直角三角形**になります．

直角三角形ですから，それぞれ3つの辺があるので3つの要素から構成され，**電力直角三角形**，**電流直角三角形**，**インピーダンス直角三角形**とよばれ，**三平方の定理**が成立します．

図11.6の電力直角三角形より，皮相電力S〔VA〕，有効電力P〔W〕，無効電力Q〔var〕の3つの間には，

$$S^2 = P^2 + Q^2 \qquad (11.2)$$

図11.7の電流直角三角形より，電流I〔A〕，有効分電流I_p〔A〕，無効分電力I_q〔A〕の3つの間には，

$$I^2 = I_p^2 + I_q^2 \qquad (11.3)$$

図11.8のインピーダンス直角三角形より，インピーダンスZ〔Ω〕，抵抗R〔Ω〕，リアクタンスX〔Ω〕の3つの間には，

$$Z^2 = R^2 + X^2 \qquad (11.4)$$

このように交流の電力，電流およびインピーダンスは，**直角三角形**をつくるので**三平方の定理**が成立します．したがって，**三平方の定理**は交流を理解するのに欠かせない知識です．

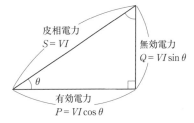

図11.6 電力直角三角形

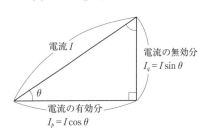

図11.7 電流直角三角形

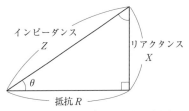

図11.8 インピーダンス直角三角形

演習問題 11 次の各問に答えなさい．

（1）1辺の長さが10cmの正三角形の面積を計算しなさい．

（2）有効電力800W，無効電力600varの負荷の皮相電力〔VA〕を計算しなさい．

よって，面積S〔cm²〕は，

$$S = \frac{1}{2} \times 高さ \times 底辺$$

$$= \frac{1}{2} \times 5\sqrt{3} \times 10^{5}$$

$$= \mathbf{25\sqrt{3}\ cm^2}$$

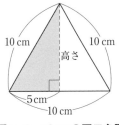

図11.9 10cmの正三角形

解法 （1）図11.9のように，高さは，三平方の定理より，$10^2 = (高さ)^2 + 5^2$

$$\therefore \quad 高さ = \sqrt{10^2 - 5^2} = \sqrt{(5 \cdot 2)^2 - 5^2}$$

$$= 5\sqrt{2^2 - 1^2}$$

$$= \mathbf{5\sqrt{3}\ cm}$$

（2）電力直角三角形をつくるから，図11.6より，三平方の定理を適用して，

$$S^2 = \boldsymbol{P^2 + Q^2} = 800^2 + 600^2$$

$$= 640\,000 + 360\,000 = 1\,000\,000$$

$$\therefore \quad S = \sqrt{1\,000\,000} = \sqrt{1\,000^2} = \mathbf{1\,000}\ 〔\mathbf{VA}〕$$

163

12 二次方程式

用　語　**方程式を解く**ことと，方程式の**解**または**根**を求めることは同じことです．

例題 12　次の方程式を解きなさい．

（1）　$4x^2-11=0$　　　　（2）　$x^2-5x+3=0$

（3）　$x^2-5x-50=0$　　　（4）　$3x^2+5x-6=0$

キーポイント

二次方程式の解き方は？

1)　$ax^2=b$ の形は？

2)　完全平方の形は？

3)　因数分解による解き方は？

4)　解の公式（根の公式）とは？

解　説

1)　$ax^2=b$ の形は？

$$x^2=\frac{b}{a}\quad\therefore x=\pm\sqrt{\frac{b}{a}}\tag{12.1}$$

2)　x の1次の項を含む二次方程式は，

$(x+m)^2=n$ の形に変形して解きます（完全平方の形）．

$$x+m=\pm\sqrt{n}\quad\therefore x=-m\pm\sqrt{n}\tag{12.2}$$

3)　因数分解による方法

二次方程式　$ax^2+bx+c=0$ は，左辺 ax^2+bx+c が因数分解できれば，簡単にその解が得られます．

4)　解の公式（根の公式）

二次方程式　$ax^2+bx+x=0$ の解（根）は，$a\neq0$ として，

$$x=\frac{-b\pm\sqrt{b^2-4ac}}{2a}\tag{12.3}$$

ここで，x の係数 b が偶数の場合は，$b=2b'$ とおけるから，解の公式（12.3）に $b=2b'$ を代入して，$\sqrt{b^2-4ac}=\sqrt{4b'^2-4ac}=2\sqrt{b'^2-ac}$
であるから，

$$x=\frac{-b'\pm\sqrt{b'^2-ac}}{a}\tag{12.4}$$

プラスワン　**虚　数**

解の公式（12.3）は，$b^2-4ac\geqq0$ のとき成立しますが，実数のほか**虚数**まで考えれば，$\sqrt{b^2-4ac}$ は常に求まるので，どんなときでも**解の公式**は成立します．

解 法 （1） $ax^2 = b$ の形になるから，**解 説** 1）参照．

移項して， $4x^2 = 11$, $x^2 = \dfrac{11}{4}$

$\therefore \quad x = \pm\sqrt{\dfrac{11}{4}} = \pm\dfrac{\sqrt{11}}{2}$

（2） 完全平方の形になるから，**解 説** 2）参照．定数項を右辺に移項して，

$x^2 - 5x = -3$

左辺を $(x+m)^2$ の形にするには，x の係数 -5 の半分，つまり $\left(-\dfrac{5}{2}\right)^2$ を両辺に加えると， $x^2 - 5x + \left(-\dfrac{5}{2}\right)^2 = -3 + \left(-\dfrac{5}{2}\right)^2$

$= \dfrac{-12 + 25}{4} = \dfrac{13}{4}$

$\left(x - \dfrac{5}{2}\right)^2 = \dfrac{13}{4}$

$\therefore \quad x - \dfrac{5}{2} = \pm\sqrt{\dfrac{13}{4}} = \pm\dfrac{\sqrt{13}}{2}$

よって， $x = \dfrac{5}{2} \pm \dfrac{\sqrt{13}}{2} = \dfrac{5 \pm\sqrt{13}}{2}$

解の公式を使って解いてもよい．

（3） 左辺を因数分解して，

$(x + 5)(x - 10) = 0$ 　公式（9. 4）

$x + 5 = 0$ 　または，$x - 10 = 0$

$\therefore \quad x = -5, \ 10$

（4） **解 説** 4）の公式（12. 3）で $a = 3$，$b = 5$，$c = -6$ とおきます．

解の公式（12. 3）を利用して，

$x = \dfrac{-5 \pm\sqrt{5^2 - 4\cdot 3\cdot(-6)}}{2\times 3}$

$= \dfrac{-5 \pm\sqrt{25 + 72}}{6} = \dfrac{-5 \pm\sqrt{97}}{6}$

◀電気への応用▶

直流電力の計算

　未知数を x として，これを求める方程式は，電気への応用の中でも広く利用されています．しかし，**一次方程式**に比較すると**二次方程式**の利用は，少なくなります．具体的には，オームの法則，静電気のクーロンの法則に関する計算で**二次方程式**が利用されます．

　ここでは，オームの法則に関する直流電力の問題で**二次方程式の利用**を取り上げます．二つの抵抗 R_1〔Ω〕，R_2〔Ω〕を**図12.1**のように並列に接続した場合の全消費電力は，これらの抵抗を**図12.2**のように直列に接続した場合の全消費電力の 6 倍であるとき，$R_1 = 1$〔Ω〕，$R_2 > R_1$ とし，電源 E の内部抵抗を無視したとして，R_2 の値を求めます．

　図12.1より，全消費電力 P_1〔W〕は，

$P_1 = \dfrac{E^2}{R_1} + \dfrac{E^2}{R_2} = E^2\left(\dfrac{1}{R_1} + \dfrac{1}{R_2}\right) = E^2\dfrac{1 + R_2}{R_2}$ ……①

図12.2より，全消費電力 P_2〔W〕は，

$P_2 = \dfrac{E^2}{R_1 + R_2} = \dfrac{E^2}{1 + R_2}$ ……②

題意より，$P_1 = 6P_2$，$\cancel{E^2}\dfrac{1 + R_2}{R_2} = 6\dfrac{\cancel{E^2}}{1 + R_2}$

$(1 + R_2)^2 = 6R_2$，これを整理すると，

$R_2^2 - 4R_2 + 1 = 0$ 　（二次方程式）……③

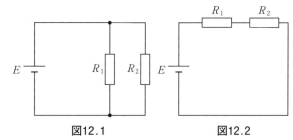

|図12.1|図12.2|

演習問題12 次の二次方程式を解きなさい．

（1） $R_2^2 - 4R_2 + 1 = 0$ 　（上記の式③）

（2） $2x^2 - 8x + 7 = 0$

解 法 解の公式（12. 4）を利用して，$b' = -2$ だから，

$R_2 = -(-2) \pm\sqrt{(-2)^2 - 1\cdot 1} = 2 \pm\sqrt{3}$

題意より，$R_2 > R_1$ だから，$R_2 = 2 + \sqrt{3}$〔Ω〕

（2） $b' = -4$ だから，解の公式（12. 4）を利用して，

$x = \dfrac{-(-4) \pm\sqrt{(-4)^2 - 2\cdot 7}}{2} = \dfrac{4 \pm\sqrt{2}}{2}$

165

付録

13 二次関数のグラフ

例 題 13 次の問いに答えなさい.

1. 次の関数のグラフを書きなさい.

  （1） $y = -2x^2$ （2） $y = -x^2 + 2x + 7$

2. 関数 $y = x^2 + (x+3)^2$ の最大値または最小値を求めなさい.

キーポイント

1） $y = ax^2$ のグラフが書けるか?

2） $y = a(x-h)^2 + k$ のグラフが書けるか?

3） $y = ax^2 + bx + c$ のグラフが書けるか?

4） 二次関数の最大・最小がわかるか?

解 説

1） **$y = ax^2$ のグラフ**

> 放物線で, 軸は y 軸, 頂点は原点
> $a > 0$ のとき下に凸, $a < 0$ のとき上に凸
> また, 二次関数 $y = ax^2 + k$ のグラフは,
> $y = ax^2$ のグラフを y 軸方向に k だけ平行移動した放物線で,
> 軸は y 軸, 頂点は点 $(0,\ k)$　**（図13.1参照）**

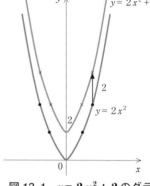

図 13.1　**$y = 2x^2 + 2$ のグラフ**

2） **$y = a(x-h)^2 + k$ のグラフ** **（図13.2参照）**

> $y = ax^2$ のグラフを, x 軸方向に h, y 軸方向に k だけ平行移動した放物線で, 軸は直線 $x = h$, 頂点は点 $(h,\ k)$

3） **$y = ax^2 + bx + c$ のグラフ**

> $y = ax^2$ のグラフを平行移動した放物線で,
> 軸は直線 $x = -\dfrac{b}{2a}$,　頂点は点 $\left(-\dfrac{b}{2a},\ -\dfrac{b^2 - 4ac}{4a}\right)$
> $a > 0$ のとき下に凸, $a < 0$ のとき上に凸

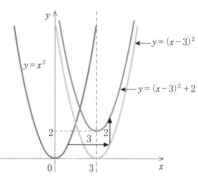

図 13.2　**$y = (x-3)^2 + 2$ のグラフ**

$$ax^2 + bc + c = a\left(x^2 + \frac{b}{a}x\right) + c = a\left\{x^2 + \frac{b}{a}x + \left(\frac{b}{2a}\right)^2 - \left(\frac{b}{2a}\right)^2\right\} + c$$

$$= a\left\{x^2 + \frac{b}{a}x + \left(\frac{b}{2a}\right)^2\right\} - a\cdot\frac{b^2}{4a^2} + c = a\left(x + \frac{b}{2a}\right)^2 - \frac{b^2 - 4ac}{4a}$$

4） **二次関数の最大, 最小**

> 二次関数 $y = ax^2 + bx + c$ において,
> $h = -\dfrac{b}{2a},\ k = -\dfrac{b^2 - 4ac}{4a}$
> とおくと, $y = a(x-h)^2 + k$ となる. したがって,
> $a > 0$ ならば, $x = h$ のとき y は最小値 k をとり, 最大値はなく,
> $a < 0$ ならば, $x = h$ のとき y は最大値 k をとり, 最小値はない.

解 法 （1） x の値に対応する y の値を求めて表にすると,

x	……	-2	-1	0	1	2	3	……
y	……	-8	-2	0	-2	-8	-18	……

これをもとにして, $y = -2x^2$ のグラフを書くと, **図13.3**の放物線になります.

（2） $y = -x^2 + 2x + 7$

$\quad = -(x^2 - 2x + 1 - 1) + 7$

$\quad = -(x-1)^2 + 8$

このグラフは, 解説2)のように, $y = -x^2$ のグラフを x 軸方向に 1, y 軸方向に 8 だけ移動した放物線で, 軸は直線 $x = 1$, 頂点は点 （1, 8）となります（図13.4参照）

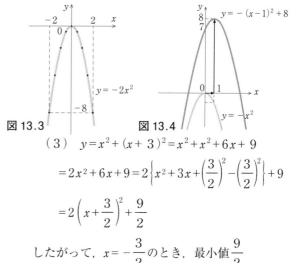

図 13.3　　　　図 13.4

（3）　$y = x^2 + (x+3)^2 = x^2 + x^2 + 6x + 9$

$\quad = 2x^2 + 6x + 9 = 2\left\{ x^2 + 3x + \left(\dfrac{3}{2}\right)^2 - \left(\dfrac{3}{2}\right)^2 \right\} + 9$

$\quad = 2\left(x + \dfrac{3}{2} \right)^2 + \dfrac{9}{2}$

したがって, $x = -\dfrac{3}{2}$ のとき, 最小値 $\dfrac{9}{2}$

電気への応用

最大, 最小

　最大, 最小の条件を求める問題では, 電気に限らず, 一般に**微分法**が使われます. しかし, 微積分は, そこにいくまでの過程で級数や極限の知識が必要とされるため, 敬遠されることが多くなります. また, 敬遠しなくてもイメージが難しいので, 電気の初歩を扱う場合ではフタをされてしまいます.

　そこで登場するのが「**最小の定理**」, 「**最大の定理**」です. これは, **二次関数の知識**さえあれば十分扱えます. 電気では, 最大効率を求める問題で, しばしば最小の定理が使われます.

　ここでは, この2つの定理を紹介します.

最小の定理

　二つの正の数の積が一定であれば, それらの和は, 二数が相等しいとき最小になる.

$\quad xy = k$（一定）, $x > 0$, $y > 0$ のとき,

$x = y$ なら, $x + y$ は最小

最大の定理

　二つの正の数の和が一定ならば, それらの積は, 二数が相等しいとき最大になる.

$\quad x + y = k$（一定）なら, $x = y$ のとき,

xy は最大

演習問題13　　次の各問いに答えなさい.

（1）　周の長さが 20 cm の長方形の面積が最大になるのは, どのような場合か.

（2）　「最大の定理」を証明しなさい.

解 法　（1）　長方形の縦, 横をそれぞれ x, y 〔cm〕とすると,

$\quad 2(x+y) = 20 \quad \therefore \quad x + y = 10 \quad$ ……①

長方形の面積を S とすると, $S = xy$ ……②

　式①より, $y = 10 - x$　これを式②に代入して,

$S = xy = x(10-x) = -x^2 + 10x$

$\quad = -(x^2 - 10x) = -(x^2 - 10x + 25 - 25)$

$\quad = -(x-5)^2 + 25$

　したがって, $x = 5\,\mathrm{cm}$ のとき, S は最大だから, 式①より, $y = 10 - x = 5$. よって, **縦, 横とも等しく 5 cm**, すなわち **5 cm の正方形**

（2）　$x + y = k$ より, $\quad y = k - x$

$xy = x(k-x) = -x^2 + kx = -(x^2 - kx)$

$\quad = -\left\{ x^2 - kx + \left(\dfrac{k}{2}\right)^2 \right\} + \left(\dfrac{k}{2}\right)^2$

$\quad = -\left(x - \dfrac{k}{2} \right)^2 + \dfrac{k^2}{4}$

$\boldsymbol{x = \dfrac{k}{2}}$ **のとき, $\boldsymbol{xy}$ は最大**になるから,

$\boldsymbol{y = k - x = k - \dfrac{k}{2} = \dfrac{k}{2} = x}$ （証明終り）

14 三角関数の定義

用 語　sin, cos, tanの定義をしっかり把握しておくことが三角関数の第一歩です.

例 題 14　$0 \leqq \theta \leqq 90°$ で，$\sin\theta = \dfrac{3}{5}$ のとき，$\cos\theta$，$\tan\theta$ の値を求めなさい.

キーポイント

1）　鋭角，鈍角，一般角って？
2）　三角関数の定義は？
3）　90°−Aの三角関数
4）　180°−Aの三角関数
5）　特殊角の三角関数
6）　度とラジアンとの関係は？

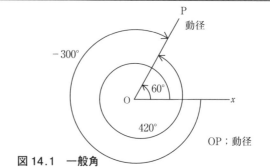

図14.1　一般角

解 説

1）　**角度の定義**

テーマ5で角度の定義の一部について触れました．今回のテーマでは新たに3つです.

①　**鋭 角**（えいかく）；0°より大きく90°（直角）より小さい角
②　**鈍 角**（どんかく）；90°より大きく180°より小さい角
③　**一般角**；360°以上回転する角度も考えた座標軸の中での回転の大きさを表した角

2）　**三角関数の定義**

図14.2のような直角三角形の場合と図14.3のような座標平面上の二通りについて，次のように三角関数を定義します.

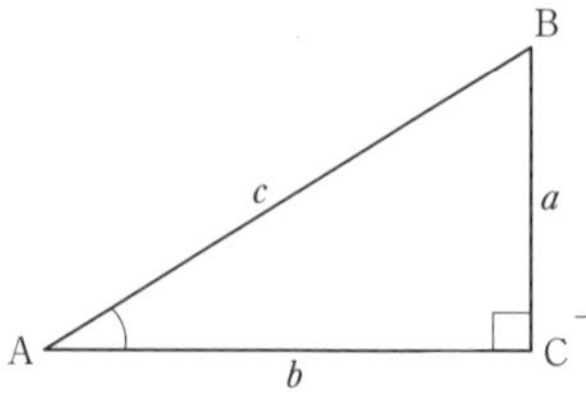

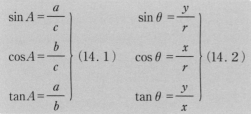

$$\left. \begin{array}{l} \sin A = \dfrac{a}{c} \\[2mm] \cos A = \dfrac{b}{c} \\[2mm] \tan A = \dfrac{a}{b} \end{array} \right\} (14.1) \quad \left. \begin{array}{l} \sin\theta = \dfrac{y}{r} \\[2mm] \cos\theta = \dfrac{x}{r} \\[2mm] \tan\theta = \dfrac{y}{x} \end{array} \right\} (14.2)$$

図14.2　直角三角形

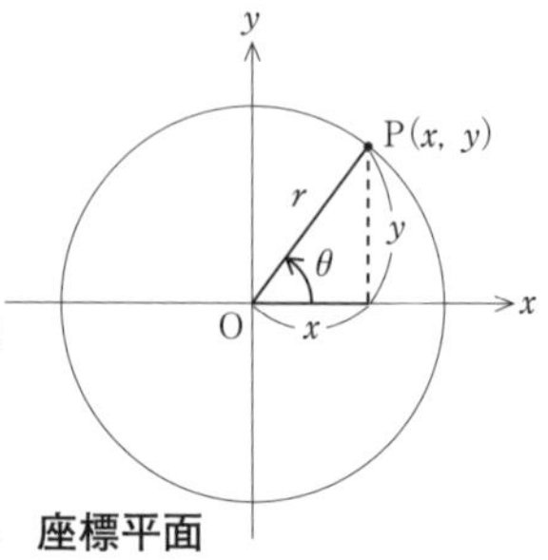

図14.3　座標平面

3）　**90°−A（余角）の三角関数**

$$\left. \begin{array}{l} \sin(90°-A) = \cos A \\ \cos(90°-A) = \sin A \end{array} \right\} \quad (14.3)$$

4）　**180°−θ（補角）の三角関数**

$$\left. \begin{array}{l} \sin(180°-\theta) = \sin\theta \\ \cos(180°-\theta) = -\cos\theta \\ \tan(180°-\theta) = -\tan\theta \end{array} \right\} \quad (14.4)$$

5）　**特殊角の三角関数　表14.1参照**

テーマ11で学んだ2種類の三角定規のような直角三角形の三角関数の値は，よく使用するので把握しておいてください（図11.2, 11.3）.

表14.1　特殊角の三角関数

A	30°	45°	60°
$\sin A$	$\dfrac{1}{2}$	$\dfrac{1}{\sqrt{2}}$	$\dfrac{\sqrt{3}}{2}$
$\cos A$	$\dfrac{\sqrt{3}}{2}$	$\dfrac{1}{\sqrt{2}}$	$\dfrac{1}{2}$
$\tan A$	$\dfrac{1}{\sqrt{3}}$	1	$\sqrt{3}$

6) 度とラジアンとの関係

角度の単位には，°（度）という60分法のほかに，**ラジアン**〔**rad**〕を単位とする**弧度法**があります．電気や数学の微積分法では，弧度法がよく使われ，単位を付けないで，角の大きさや数だけで表します．

図14.4のように半径 r の円で，長さ l の弧に対する中心角 θ の大きさは，

$$\theta = \frac{l}{r} \qquad (14.\ 5)$$

したがって，弧 l ＝半径 r のときが**1**（ラジアン）です．また，円周の長さは，$2\pi r$ だから，$360°$ は $\frac{2\pi r}{r} = \mathbf{2\pi}$（ラジアン）です．

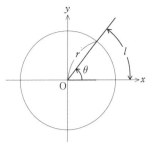

図14.4　ラジアン

> **解　法**　$0 \le \theta \le 90°$ で，$\sin\theta = \frac{3}{5}$ であるから図14.5
> のように座標平面上で考えると動径の位置がよくわかります．
>
> 図14.5上の x は，**三平方の定理**（テーマ11）より，
> $$x^2 = 5^2 - 3^2 = 4^2 \qquad \therefore\ x = 4$$
> したがって，$\cos\theta = \dfrac{4}{5}$，$\tan\theta = \dfrac{3}{4}$

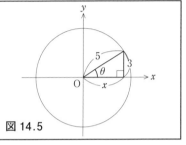

図14.5

◄電気への応用►

3つの電力を結びつける $\cos\theta$（力率）

テーマ11では，図14.6のように3つの電力が直角三角形の各辺になるため**三平方の定理**の関係にあることを学びました．ここでは，**3つの電力**が三角関数によって結びつけられることを勉強します．

図14.6より，$\cos\theta = \dfrac{P}{S}$

> $\therefore$
> $P = S\cos\theta$ 〔kW〕
> $Q = S\sin\theta$ 〔kvar〕
> $\tan\theta = \dfrac{Q}{P}$
> $(14.\ 5)$

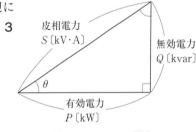

図14.6　3つの電力

次のテーマによって，$\cos\theta$ がわかれば $\sin\theta$ もわかりますから，**有効電力 P と $\cos\theta$ がわかれば，皮相電力，無効電力**もわかります．

- -

> **演習問題 14**　次の各問いに答えなさい．
> （1）　$\sin\dfrac{5}{6}\pi$，$\tan\dfrac{5}{6}\pi$ の値を求めなさい．
> （2）　400〔kW〕の負荷の無効電力が300〔kvar〕のとき，負荷の力率を求めなさい．

> **解　法**　（1）　$\dfrac{5}{6}\pi$ は弧度法です．
> $\dfrac{5}{6} \times 180° = 150°$ になります．この場合，補角の関係から求めるのと座標平面上で $\dfrac{5}{6}\pi$ の角度から動径の位置を決めて直読する2通りがあります．
>
> 補角の関係を使うと，式（14. 4）より，
>
> $$\sin\frac{5}{6}\pi = \sin\left(\pi - \frac{\pi}{6}\right) = \sin\frac{\pi}{6} = \frac{1}{2}$$

$$\tan\frac{5}{6}\pi = \tan\left(\pi - \frac{\pi}{6}\right) = -\tan\frac{\pi}{6} = -\frac{1}{\sqrt{3}}$$

（2）　式（11. 2）より，
$$S = \sqrt{P^2 + Q^2} = \sqrt{400^2 + 300^2} = \sqrt{500^2}$$
$$= 500 \ \text{〔kV·A〕}$$

したがって，
式（14. 5）より，
$$\cos\theta = \frac{P}{S} = \frac{400}{500}$$
$$= \mathbf{0.8} \ \text{（図14.7）}$$

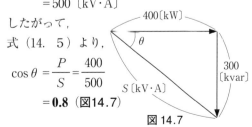

図 14.7

付録

169

15 三角関数相互の関係

用 語 sinは正弦，cosは余弦，tanは正接といいます．

例 題 15 θ が鈍角で，$\sin\theta = \dfrac{2}{3}$ のとき，$\cos\theta$，$\tan\theta$ の値を求めなさい．

キーポイント

1）sin, cos, tanの関係は？
2）負角の三角関数は？

解 説

1）**sin, cos, tanの関係**

　図**15.1**のように座標平面上に半径 r の円をかき，円周上の点P (x, y) と原点Oを結んだとき，OPが x 軸との間につくる角を θ とします．

　三角関数の定義から，

$$\sin\theta = \frac{y}{r}, \quad \cos\theta = \frac{x}{r}, \quad \tan\theta = \frac{y}{x} \qquad (1)$$

　△OPHは直角三角形だから，三平方の定理より，

$$x^2 + y^2 = r^2 \qquad\qquad (2)$$

この両辺を r^2 でわり，（1）式より，

$$\left(\frac{x}{r}\right)^2 + \left(\frac{y}{r}\right)^2 = 1 \qquad \therefore \boxed{\sin^2\theta + \cos^2\theta = 1} \qquad (15.1)$$

次に式（2）の両辺を x^2 でわると，

$$1 + \left(\frac{y}{x}\right)^2 = \left(\frac{r}{x}\right)^2 = \frac{1}{\left(\dfrac{x}{r}\right)^2} \qquad \therefore \boxed{1 + \tan^2\theta = \frac{1}{\cos^2\theta}} \qquad (15.2)$$

式（1）を変形して，

$$\boxed{\tan\theta = \frac{y}{x} = \frac{\dfrac{y}{r}}{\dfrac{x}{r}} = \frac{\sin\theta}{\cos\theta}} \qquad\qquad (15.3)$$

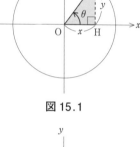

図 15.1

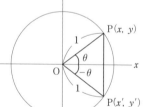

図 15.2　単位円

2）**負角の三角関数**

　半径 1 の円を**単位円**といいますが，図**15.2**のように単位円の基線 Ox から θ の動径をOP，$-\theta$ の動径をOP′，P (x, y)，P′ (x', y') とすると，

$$y' = -y, \quad x' = x$$

$$\therefore \quad \sin(-\theta) = -\sin\theta, \quad \cos(-\theta) = \cos\theta \qquad (15.4)$$

解 法 式（15.1）より，$\cos^2\theta = 1 - \sin^2\theta = 1 - \left(\dfrac{2}{3}\right)^2 = 1 - \dfrac{4}{9} = \dfrac{5}{9}$

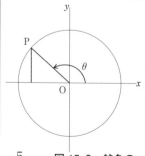

図 15.3　鈍角の
　　　動径は？

$$\therefore \quad \cos\theta = \pm\sqrt{\frac{5}{9}} = \pm\frac{\sqrt{5}}{3}$$

題意より，θ は鈍角だから，**図15.3**のように動径OPは座標平面上の第2象限にあります．

$$\text{したがって，} \cos\theta < 0 \quad \therefore \quad \cos\theta = -\frac{\sqrt{5}}{3}$$

よって，式（15.3）より，

$$\tan\theta = \frac{\sin\theta}{\cos\theta} = \frac{\dfrac{2}{3}}{-\dfrac{\sqrt{5}}{3}} = \frac{2}{3}\times\left(-\frac{3}{\sqrt{5}}\right) = -\frac{2}{\sqrt{5}} = -\frac{2\sqrt{5}}{\sqrt{5}\sqrt{5}} = -\frac{2\sqrt{5}}{5}$$

電気への応用

3つの電力と三角関数

三平方の定理では，3つの電力のうち2つがわかると，ほかの1つが求められます．また，前テーマの三角関数の定義だけの知識では，3つの電力のうち1つの電力と$\cos\theta$の値だけでは，ほかの2つを求めるのに限界がありました．今回のテーマの「**sin，cosθ，tan 相互の関係**」がわかると，3つの電力のうちの1つと$\cos\theta$の値だけでほかの2つの電力が求められます．

例えば，負荷が400〔kW〕で遅れ力率80〔%〕の場合の負荷の**皮相電力〔kV·A〕，無効電力〔kvar〕**が求められますか？

$\cos\theta = 0.8$だから，式（15.1）より，

$$\sin^2\theta = 1 - \cos^2\theta = 1 - 0.8^2 = 0.36 = 0.6^2$$
$$\sin\theta > 0 \text{ より，} \sin\theta = \sqrt{0.6^2} = 0.6$$

次に式（14.5）より，**皮相電力** S〔kV·A〕は，

$$S = \frac{P}{\cos\theta} = \frac{400}{0.8} = 500 \text{〔kV·A〕}$$

$\therefore$ **無効電力** $Q = S\sin\theta = 500\times0.6 = 300$〔kvar〕

以上のように有効電力と力率が与えられただけで皮相電力と無効電力を三角関数相互の関係式を使って求めることができました．

演習問題 15　θ が第4象限の角で，$\cos\theta = \dfrac{5}{13}$ のとき，$\sin\theta$，$\tan\theta$ の値を求めなさい．

解 法　θ が第4象限の角ということから，動径OPの位置は，**図15.4**のとおりです．同図から，$\sin\theta < 0$，$\tan\theta < 0$

式（15.1）より，

$$\sin^2\theta = 1 - \cos^2\theta = 1 - \left(\frac{5}{13}\right)^2 = 1 - \frac{25}{169} = \frac{144}{169}$$

$$\therefore \quad \sin\theta = -\sqrt{\frac{144}{169}} = -\sqrt{\left(\frac{12}{13}\right)^2} = -\frac{12}{13}$$

また，式（15.3）より，

$$\tan\theta = \frac{\sin\theta}{\cos\theta} = -\frac{\dfrac{12}{13}}{\dfrac{5}{13}} = -\frac{12}{13}\times\frac{13}{5} = -\frac{12}{5}$$

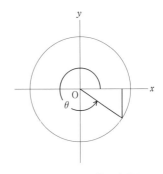

図15.4 θは第4象限

16 指数計算

用 語 n個のaをかけたもの（積）をa^nとかき，「**aのn乗**」といい，a^2, a^3, ……をまとめて，「**aの累乗**」といいます．このとき，aの右肩にある**数を指数**といいます．

例 題 16 次の計算をしなさい．

（1） $25^{\frac{3}{2}}$　　（2） $\sqrt[3]{a} \times \sqrt[6]{a} \div (\sqrt[4]{a^3})^2$　　（3） $\sqrt{\sqrt[3]{64}}$

（4） $0.002 \times 0.0005 \div 0.01^2$　　（5） $(\sqrt[3]{2}+1)(\sqrt[3]{4}-\sqrt[3]{2}+1)$

キーポイント

1) 指数計算のき·ま·り·は？
2) 小数の指数計算は？
3) 累乗根の性質は？
4) 0，負の整数の指数の扱いは？
5) 分数の指数は？

解 説

1) **指数法則**

> $a>0$，$b>0$でm, nが有理数のとき，（有理数はテーマ10参照）
>
> $a^m \times a^n = a^{m+n}$　　　　$a^m \div a^n = a^{m-n}$
>
> $(a^m)^n = a^{mn}$　　　　　$(ab)^n = a^n b^n$　　　　（16. 1）

2) **小数の指数計算**

> 小数を表すのに　**10^n**を使って，
>
> $0.0000382 = 3.82 \times 10^{-5}$
>
> のように書きます．つまり，正の数は，次の形に表されます．
>
> $a \times 10^n$　　$1 \leq a < 10$　　nは整数

3) **累乗根の定義と性質**

　　一般に，任意の自然数（正の整数）に対して，n次方程式

　　　$x^n = a$　　（aは実数）

の根を**aのn乗根**といいます．

　　このn次方程式の根を**$x = \sqrt[n]{a}$**とかきますが，$\sqrt[n]{a}$を次のように定めます．

$$\sqrt[n]{a} = \begin{cases} x^n = 0 \text{ の正の実根}　(a>0 \text{ のとき}) \\ 0　(a=0 \text{ のとき}) \\ x^n = 0 \text{ の負の実根}　(a<0,\ n \text{が奇数のとき}) \end{cases}$$

　　また，$\sqrt[n]{a}$の定義によれば，$(\sqrt[n]{a})^n = a$

> **＜累乗根の性質＞** $a>0$，$b>0$のとき，自然数m, n, pに対して，
>
> $\sqrt[n]{a}\ \sqrt[n]{b} = \sqrt[n]{ab}$　　　　$\dfrac{\sqrt[n]{a}}{\sqrt[n]{b}} = \sqrt[n]{\dfrac{a}{b}}$
>
> $\sqrt[n]{a^m} = (\sqrt[n]{a})^m$　　　　$\sqrt[m]{\sqrt[n]{a}} = \sqrt[mn]{a}$　　　　（16. 2）

$$\sqrt[pn]{a^{pm}} = \sqrt[n]{a^m}$$

4） 0，負の整数の指数

指数法則によって，$a \neq 0$，n が 0，正，負の整数の場合でも

$$\frac{a^n}{a^n} = a^{n-n} = a^0, \quad \text{ところが} \quad \frac{a^n}{a^n} = 1 \text{ だから，}$$

$$a^0 = 1 \tag{16.3}$$

また，$a^n a^{-n} = a^{n-n} = a^0 = 1$

$$\therefore \quad a^{-n} = \frac{1}{a^n} \tag{16.4}$$

5） 分数の指数

指数法則 $(a^m)^n = a^{mn}$ は，m，n が分数のときも成り立つとすれば，例えば，

$$(a^{\frac{1}{3}})^3 = a^{\frac{1}{3} \times 3} = a$$

ですから，$a^{\frac{1}{3}}$ は a の 3 乗根です．すなわち，

$$a^{\frac{1}{3}} = \sqrt[3]{a}$$

<分数の指数> $a > 0$ で，m が整数，n が正の整数のとき，

$$a^{\frac{m}{n}} = \sqrt[n]{a^m}, \quad \text{とくに} \quad a^{\frac{1}{n}} = \sqrt[n]{a} \tag{16.5}$$

解 法 （1） 式（16.5）より，
$$25^{\frac{3}{2}} = \sqrt{25^3} = \sqrt{25^2 \cdot 25} = 25\sqrt{5^2} = 25 \times 5$$
$$= \mathbf{125}$$

（2） 式（16.5）より，$(\sqrt[4]{a^3})^2 = (a^{\frac{3}{4}})^2 = a^{\frac{3}{4} \times 2} = a^{\frac{3}{2}}$

$$\therefore \quad \text{与式} = \frac{a^{\frac{1}{3}} \times a^{\frac{1}{6}}}{a^{\frac{3}{2}}} = a^{\frac{1}{3}} \times a^{\frac{1}{6}} \times a^{-\frac{3}{2}}$$

$$= a^{\frac{1}{3} + \frac{1}{6} - \frac{3}{2}} = a^{\frac{2}{6} + \frac{1}{6} - \frac{9}{6}} = a^{-\frac{6}{6}} = a^{-1} = \frac{\mathbf{1}}{\mathbf{a}}$$

（3） $\sqrt[3]{\sqrt{64}} = \sqrt[2 \times 3]{2^6} = 2^{6 \times \frac{1}{6}} = 2^1 = \mathbf{2}$，公式（16.2）

（4） $0.002 \times 0.0005 \div (0.01)^2$
$$= 2 \times 10^{-3} \times 5 \times 10^{-4} \div (10^{-2})^2$$
$$= \frac{2 \times 10^{-3} \times 5 \times 10^{-4}}{10^{-4}} = 10 \times 10^{-3} = 10^{1-3} = 10^{-2}$$
$$= \mathbf{0.01}$$

（5） $(\sqrt[3]{2} + 1)\{(\sqrt[3]{2})^2 - \sqrt[3]{2} + 1^2\}$ に変形
でき，これは，公式（2.7）です．
$$\therefore \text{与式} = (\sqrt[3]{2})^3 + 1^3 = (2^{\frac{1}{3}})^3 + 1 = 2 + 1 = \mathbf{3}$$

電気への応用

電気の計算は指数計算が多い！

オームの法則を適用するにも電流，電圧，抵抗の単位は，それぞれ〔A〕，〔V〕，〔Ω〕のように**単位**を合わせる必要があります．例えば，電流が 1〔mA〕で電圧〔V〕，抵抗〔Ω〕の場合には，これを 1 $\times 10^{-3} = 10^{-3}$〔A〕と**単位変換**して**単位**を合わせて計算します．このように電気の計算では，ひんぱんに**指数計算**が使われます．

演習問題16 次の式を 10 の累乗を用いて計算しなさい．

（1） $100\,000 \times 0.001^2$

（2） $18 \times 5 \times 10^9 \times 10^{-6} \div 3 \div 10^7$

解 法 （1） 与式 $= 10^5 \times (10^{-3})^2$
$$= 10^5 \times 10^{-6} = 10^{5-6} = 10^{-1} = \mathbf{0.1}$$

（2） 与式 $= \frac{18 \times 5 \times 10^{9-6}}{3 \times 10^7} = 30 \times 10^{3-7}$
$$= 30 \times 10^{-4} = 3 \times 10^{1-4} = \mathbf{3 \times 10^{-3}}$$

付録

索　引

電気Q&A
電気の基礎知識

| 2020 年 3 月 15 日 | 第 1 版第 1 刷発行 |
| 2024 年 11 月 10 日 | 第 1 版第 6 刷発行 |

著　者　石井理仁
発行者　村上和夫
発行所　株式会社　オーム社
　　　　郵便番号　101-8460
　　　　東京都千代田区神田錦町 3-1
　　　　電話　03(3233)0641(代表)
　　　　URL　https://www.ohmsha.co.jp/

© 石井理仁 2020

組版　アトリエ渋谷　印刷・製本　三美印刷
ISBN978-4-274-22519-2　Printed in Japan

本書の感想募集　https://www.ohmsha.co.jp/kansou/
本書をお読みになった感想を上記サイトまでお寄せください。
お寄せいただいた方には、抽選でプレゼントを差し上げます。